T0219978

Experimentelle Mathematik

Jonathan Borwein · Keith Devlin

Experimentelle Mathematik

Eine beispielorientierte Einführung

Aus dem Amerikanischen übersetzt von
Roland Girgensohn

Titel der Originalausgabe: the computer as crucible
Aus dem Amerikanischen übersetzt von Roland Girgensohn
© 2009 by A K Peters, Ltd.

Wichtiger Hinweis für den Benutzer

Bibliografische Information der Deutschen Nationalbibliothek
Die Deutsche Nationalbibliothek verzeichnet diese Publikation in der Deutschen Nationalbibliografie; detaillierte bibliografische Daten sind im Internet über http://dnb.d-nb.de abrufbar.

Springer ist ein Unternehmen von Springer Science+Business Media
springer.de

© Spektrum Akademischer Verlag Heidelberg 2011
Spektrum Akademischer Verlag ist ein Imprint von Springer

11 12 13 14 15   5 4 3 2 1

Planung und Lektorat: Dr. Andreas Rüdinger, Bianca Alton
Redaktion: Alexander Reischert (Redaktion ALUAN)
Satz: le-tex publishing services GmbH, Leipzig
Umschlaggestaltung: SpieszDesign, Neu-Ulm
Titelfotografie: Nullstellen von Polynomen © Jonathan Borwein, Loki Jorgensen

ISBN 978-3-8274-2661-1

Für *Jakob Joseph*, zwei Jahre alt,
und alle anderen, die noch wesentlich leistungsfähigere
mathematische Instrumente erleben werden

Inhaltsverzeichnis

Vorwort

Als wir dieses Buch schrieben, war es unser Ziel, eine kurze, gut lesbare Darstellung von experimenteller Mathematik zu geben. (Kapitel 1 beginnt mit einer Erklärung, was der Begriff „experimentelle Mathematik" überhaupt bedeutet.) Das Buch ist nicht als Lehrbuch gedacht, das man als Grundlage für einen Kurs verwenden könnte (auch wenn gute Dozenten es sicherlich so einsetzen können). Insbesondere beabsichtigen wir keine umfassende Darstellung der experimentellen Mathematik, sondern wir wählen einige Themen und Beispiele aus, um unseren Lesern einen Eindruck von dem augenblicklichen Zustand dieses sich rasch entwickelnden neuen Gebietes zu vermitteln. Auch gibt es keine umfangreichen Serien von Übungsaufgaben. Wir beenden jedes Kapitel mit einem kurzen Abschnitt, den wir „Untersuchungen" nennen und in dem wir einige weiterführende Beispiele bringen und ein oder zwei Dinge vorschlagen, die unsere Leser vielleicht selbst ausprobieren wollen. Es ist nicht erforderlich, an irgendeiner dieser „Untersuchungen" zu arbeiten, um dem Buch folgen zu können, aber wir denken, dass es Ihr Gefühl für das Gebiet verbessert, wenn Sie sich an einer oder zweien davon versuchen. Lösungen für diese „Untersuchungen" finden Sie in dem Kapitel „Antworten und weitere Betrachtungen" gegen Ende des Buches.

Dieses Buch war die Idee unseres guten Freundes, des Verlegers (und promovierten Mathematikers) Klaus Peters von A K Peters, Ltd. Es entstand aus einer Serie von drei Büchern über experimentelle Mathematik (alle erschienen bei A K Peters), die einer von uns (Borwein) mit verschiedenen Koautoren schrieb: Jonathan Borwein und David Bailey: *Mathematics by Experiment* (2003); Jonathan Borwein, David Bailey und Roland Girgensohn: *Experimentation in Mathematics* (2004); und David Bailey, Jonathan

Borwein, Neil J. Calkin, Roland Girgensohn, D. Russell Luke und Victor H. Moll: *Experimental Mathematics in Action* (2007).

Dies war für uns beide eine faszinierende Zusammenarbeit. Borwein hat mit seinem Wissen in Analysis und Optimierung das neue Gebiet der experimentellen Mathematik während eines Großteils seines beruflichen Werdeganges vertreten. Seine Arbeit erhielt im Jahre 1993 eine besondere Förderung, als es ihm ermöglicht wurde, an der Simon Fraser University in Kanada das *Centre for Experimental and Constructive Mathematics* zu eröffnen, das er dann für zehn Jahre leitete. (Viele der in diesem Buch präsentierten Resultate stammen von Borwein, meistens in Zusammenarbeit mit anderen, insbesondere Bailey.) Devlin, der sich während der ersten Hälfte seines Werdeganges auf mathematische Logik und Mengenlehre konzentrierte, hat sich den größten Teil der letzten zwanzig Jahre mit dem neu entstehenden Gebiet der mathematischen Kognitionswissenschaft beschäftigt, das zu verstehen versucht, wie das menschliche Gehirn Mathematik treibt, wie es überhaupt mathematische Fähigkeiten erwirbt und wie mathematisches Denken mit anderen Arten des Schlussfolgerns (etwa maschinellen Berechnungen) interagiert. Beim gemeinsamen Schreiben dieses Buches, das denjenigen, die nicht auf diesem Gebiet arbeiten, erklären will, was experimentelle Mathematik ist und wie sie durchgeführt wird, blickte Borwein von innerhalb des Gebietes nach draußen, während Devlin von außerhalb nach drinnen blickte. Beruhigenderweise sahen wir beide ganz ähnliche Landschaften.

Experimentelle Mathematik ist relativ neu. Es handelt sich dabei um eine Methode, Mathematik zu treiben, die durch schnelle, leistungsfähige und leicht bedienbare Computer ermöglicht worden ist sowie durch Netzwerke und durch Datenbanken.

Der Einsatz von Computern in der Mathematik *zu ihrem eigenen Nutzen* ist ein Phänomen, das erst aus der letzten Zeit stammt – tatsächlich ist es viel jünger als der Computer selbst. (Für manche Außenstehende mag dies überraschend sein, wenn sie fälschlicherweise glauben, die Computerrevolution sei von den Mathematikern angeführt worden. Es stimmt schon, dass die Computer von Mathematikern erfunden wurden, doch dann wurde es anderen überlassen, sie weiterzuentwickeln, und bis vor Kurzem wurden sie von nur wenigen Mathematikern auch eingesetzt.)

Tatsächlich bemerkte die *American Mathematical Society* in den späten 1980er Jahren, dass das Bewusstsein der Mathematiker für das Potenzial der Computer hinter dem der anderen Wissenschaften zurückblieb. Deshalb traf sie eine wohlüberlegte Maßnahme, um die mathematische Gemeinschaft auf die Möglichkeiten der neuen Technologie aufmerksam zu machen. Im Jahr 1988 begann das Flaggschiff unter ihren Zeitschriften, die *Notices of the American Mathematical Society*, regelmäßig eine Sparte „Computers and Mathematics" zu veröffentlichen, die ursprünglich von dem inzwischen verstorbenen Jon Barwise betreut wurde, danach aber (von Oktober 1992 bis Dezember 1994) von Devlin. Dessen Interesse daran, wie der Einsatz von

Computern die mathematische Praxis verändert, war Teil seiner wachsenden
Faszination für mathematische Kognition. In entsprechender Weise führten
Borweins Erfahrungen zu einem wachsenden Interesse an mathematischer
Visualisierung und mathematischer Ästhetik.

Eine typische Ausgabe der „Computers and Mathematics" begann mit
einem eingeladenen Hauptbeitrag, gefolgt von Besprechungen neuer mathematischer Software. Devlin begann seine erste „Computers and Mathematics"-Sparte so: „Das Thema des Hauptbeitrags in diesem Monat ist die
experimentelle Mathematik, geschrieben von zwei kanadischen Mathematikern, den Brüdern Jonathan und Peter Borwein."

Mit diesem Buch schließt sich der Kreis!

Die „Computers and Mathematics"-Sparte wurde im Januar 1995 einge-
stellt, als man glaubte, dass der Gebrauch von Computern sich in der mathematischen Gemeinschaft hinreichend durchgesetzt habe, so dass ein ei-
gener Abschnitt in den *Notices* nicht mehr nötig sei. Wie dieses Buch mehr
als deutlich machen sollte, haben sich die Dinge seitdem ein ganzes Stück
weiterentwickelt.

Beide Autoren bedanken sich bei Klaus Peters für die Idee zu diesem
Buch und für seine ständige Ermutigung und Geduld während der uner-
wartet langen Zeit, die wir brauchten, um unsere manchmal unglaublich vol-
len Terminkalender so abzustimmen, dass seine Vision zur Realität werden
konnte. Und beide Autoren sind Karl Heinrich Hofmann besonders dank-
bar, der großzügigerweise die stets unterhaltsamen und manchmal „subver-
siven" Illustrationen beisteuerte – subversiv deshalb, weil sich in den Illustrationen ein wenig sein platonistisches Gedankengut widerspiegelt.

Jonathan Borwein
Keith Devlin

März 2008

What do I see here?

1 Was ist Experimentelle Mathematik?

Ich erkenne es, wenn ich es sehe.

Potter Stewart (1915–1985)

Als Potter Stewart, Richter am U.S. Supreme Court, im Jahr 1964 eine Definition von Pornografie geben sollte, konnte er dies zwar nicht, bemerkte aber: „Ich erkenne es, wenn ich es sehe." Wir würden sagen, dass dasselbe auch für die experimentelle Mathematik gilt. Trotzdem ist uns klar, dass wir unseren Lesern zumindest eine ungefähre erste Definition schulden (von experimenteller Mathematik, versteht sich; bei Pornografie sind Sie auf sich selbst gestellt), und hier ist sie:

Experimentelle Mathematik ist der Einsatz des Computers in Berechnungen (die manchmal nicht mehr als systematisches Ausprobieren sind), um nach Gesetzmäßigkeiten zu suchen, um bestimmte Zahlen und Folgen zu identifizieren oder um Belege für mathematische Behauptungen zu finden, die ihrerseits wieder das Ergebnis von Berechnungen oder auch nur von zielgerichteter Suche sein können. Wie die heutigen Chemiker (und in alten Zeiten die Alchemisten) verschiedene Substanzen in einer Retorte zusammenmixen und erhitzen, um zu sehen, was sich dabei herausdestillieren lässt, gibt der experimentelle Mathematiker eine möglichst wirkungsvolle Mischung aus Zahlen, Formeln und Algorithmen in den Computer ein in der Hoffnung, dass dabei etwas Interessantes herauskommt.

Hätten die alten Griechen (oder die anderen frühen Zivilisationen, die das Unternehmen Mathematik ins Rollen brachten) Zugang zu Computern gehabt, wäre das Wort „experimentell" in dem Begriff „experimentelle Mathematik" wahrscheinlich überflüssig; die Arbeitsschritte, die eine bestimmte mathematische Aktivität „experimentell" machen, würden vermutlich einfach als *Mathematik* angesehen werden. Das können wir mit einiger Sicherheit sagen, denn wenn aus unserer obigen Definition die Bedingung entfernt würde, dass dazu ein Computer benutzt wird, dann beschriebe der

Rest ziemlich genau das, womit die meisten, wenn nicht alle professionell tätigen Mathematiker einen Großteil ihrer Zeit verbringen und schon immer verbracht haben!

Viele unserer Leser, die die Mathematik aus der Schule kennen oder sie vielleicht sogar noch studiert haben, ohne sie aber zu ihrem Beruf zu machen, werden sich über diese letzte Bemerkung möglicherweise etwas wundern. Denn sie entspricht nicht dem (sorgfältig fabrizierten) Bild von der Mathematik, das ihnen vorgeführt wurde. Aber wenn Sie einen Blick in die privaten Notizbücher praktisch jedes der großen Mathematiker werfen könnten, dann würden Sie Seite auf Seite an (symbolischer oder numerischer) Herumprobiererei finden, erste erkundende Berechnungen, vorläufige Vermutungen, Untersuchung von Hypothesen (in der Mathematik ist eine „Hypothese" eine Vermutung, die nicht sofort wieder ad acta gelegt werden kann) usw.

Diese Sichtweise der Mathematik ist deshalb nicht weit verbreitet, weil man in die privaten, zu ihren Lebzeiten *unveröffentlichten* Aufzeichnungen der großen Mathematiker sehen muss, um solches Material zu finden (dann aber gleich haufenweise). In ihren *veröffentlichten* Arbeiten werden Sie dagegen präzise Formulierungen wahrer Aussagen finden, die durch sorgfältige Herleitungen bewiesen werden, basierend auf konkreten Axiomen (die allerdings meistens nicht explizit in den Arbeiten genannt werden).

Mathematik wird fast überall als die Suche nach der reinen, ewigen (mathematischen) Wahrheit angesehen und dargestellt. Deshalb ist verständlich, dass für die Allgemeinheit die Mathematik genau das war, was man in den veröffentlichten Arbeiten der großen Mathematiker finden konnte. Doch das hieße, die obige Schlüsselphrase „die Suche nach" zu übersehen. Mathematik ist nicht nur das Endprodukt dieser Suche und war es auch noch nie; der Prozess der Entdeckung ist, und war es auch stets, ein wesentlicher Bestandteil des Fachs. Wie der große deutsche Mathematiker Carl Friedrich Gauß (1777–1855) am 2.9.1808 an seinen Studienfreund Farkas (Wolfgang) Bolyai schrieb: „Wahrlich es ist nicht das Wissen, sondern das Lernen, nicht das Besitzen sondern das Erwerben, nicht das Da-Seyn, sondern das Hinkommen, was den grössten Genuss gewährt."[1]

Tatsächlich war Gauß ein „experimenteller Mathematiker" ersten Ranges. In einem Brief vom 24.12.1849 an seinen Schüler Johann Franz Encke erinnert er sich zum Beispiel an seine Überlegungen zur Dichte der Primzahlen:

> Sie haben mir meine eigenen Beschäftigungen mit demselben Gegenstande in Erinnerung gebracht, deren erste Anfänge in eine sehr entfernte Zeit fallen, ins Jahr 1792 oder 1793, wo ich mir die Lambertschen Supplemente zu den Logarithmentafeln angeschafft hatte. Es war noch ehe ich mit feineren Untersuchungen aus der höhern Arithmetik mich befasst hatte eines meiner ersten Geschäfte, meine Aufmerksamkeit auf die abnehmende Frequenz der Primzahlen zu richten, zu welchem Zweck ich dieselben in den einzelnen Chiliaden abzählte, und die Resultate auf einem der angehefteten weissen Blätter verzeichnete. Ich erkannte bald, dass unter allen Schwankungen diese Frequenz durchschnittlich nahe dem Logarithmen verkehrt proportional sei, so dass die Anzahl aller Primzahlen unter einer gegebenen Grenze n nahe durch das Integral
>
> $$\int \frac{dn}{\log n}$$
>
> ausgedrückt werde, wenn der hyperbolische Logarithm. verstanden werde.

Ein Beweis, dass diese Approximation von Gauß asymptotisch korrekt ist (diese Aussage ist heute als der Primzahlsatz bekannt), wurde erst 1896 gefunden, also über hundert Jahre, nachdem das junge Genie seine experimentelle Entdeckung gemacht hatte.

Um nur noch ein weiteres Beispiel für Gauß' „experimentelle" Arbeitsweise zu nennen: Wir erfahren aus seinen Tagebüchern, dass er sich im Jah-

---

[1] Das vollständige Zitat lautet: „Wahrlich es ist nicht das Wissen, sondern das Lernen, nicht das Besitzen sondern das Erwerben, nicht das Da-Seyn, sondern das Hinkommen, was den grössten Genuss gewährt. Wenn ich eine Sache ganz ins Klare gebracht und erschöpft habe, so wende ich mich davon weg, um wieder ins Dunkle zu gehen; so sonderbar ist der nimmersatte Mensch, hat er ein Gebäude vollendet so ist es nicht um nun ruhig darin zu wohnen, sondern um ein anderes anzufangen. So stelle ich mir vor muss dem Welteroberer zu Muthe seyn, der nachdem ein Königreich kaum bezwungen ist, schon wieder nach andern seine Arme ausstreckt." [Schmidt und Stäckel 99].

re 1799 Integraltafeln anschaute, die ursprünglich von James Stirling aufgestellt worden waren, und dabei bemerkte, dass der Kehrwert des Integrals

$$\frac{2}{\pi} \int_0^1 \frac{dt}{\sqrt{1 - t^4}}$$

numerisch mit dem Grenzwert der schnell konvergierenden Iteration vom arithmetisch-geometrischen Mittel (AGM) übereinstimmte:

$$a_0 = 1, \quad b_0 = \sqrt{2};$$

$$a_{n+1} = \frac{a_n + b_n}{2}, \quad b_{n+1} = \sqrt{a_n b_n}.$$

Die Folgen (a_n) und (b_n) haben den gemeinsamen Grenzwert

$$1{,}1981402347355922074\ldots$$

Ausgehend von dieser rein numerischen Beobachtung (die er auf elf Stellen genau machte), vermutete Gauß, dass das Integral tatsächlich mit dem gemeinsamen Grenzwert der beiden Folgen übereinstimmt – was er anschließend auch bewies. Über dieses bemerkenswerte Resultat schrieb er am 30.5.1799 in sein Tagebuch: „... durch diesen Beweis wird uns ganz gewiss ein völlig neues Feld in der Analysis eröffnet werden."[2] Damit sollte er Recht behalten. Das Resultat führte im 19. Jahrhundert zum gesamten Gebiet der Theorie der elliptischen und Modulfunktionen.

Die Verwechslung des mathematischen Prozesses mit seinem Endprodukt ist für einen Großteil der Mathematikgeschichte verständlich: Schließlich wurde beides von derselben Person durchgeführt, deren Aktivitäten sich für einen unbeteiligten Beobachter jeweils nicht unterschieden – auf ein Blatt Papier starren, hart nachdenken und dann etwas auf das Papier kritzeln.[3] Aber der Unterschied wurde offensichtlich, sobald die Mathematiker begannen, ihre Erkundungsarbeiten dem Computer zu übertragen, insbesondere wenn der Mathematiker oder die Mathematikerin einfach auf die ENTER-Taste drückte, um die experimentelle Arbeit zu beginnen, und dann essen ging, während der Computer seine Arbeit tat. In manchen Fällen erwartete sie bei ihrer Rückkehr ein „Resultat", das niemand zuvor vermutet hätte und von dem niemand eine Vorstellung hatte, wie man es beweisen könnte.

---

[2] Gauß führte sein Tagebuch in Latein: „... qua re demonstrata prorsus novus campus in analysi certo aperietur." Deutsche Übersetzung zitiert nach [Gauß 96–14].

[3] Diese Verwirrung hätte harmlos sein können, wäre da nicht eine wichtige negative Konsequenz gewesen: So mancher junge potenzielle Mathematiker wurde dadurch abgeschreckt, wenn er (oder sie) einmal nicht in der Lage war, augenblicklich mit der richtigen Lösung für ein Problem oder mit dem richtigen Beweis für eine Behauptung aufzuwarten, und deshalb zu der falschen Schlussfolgerung kam, dass er oder sie einfach kein mathematisches Gehirn habe.

Die Anführungszeichen um das Wort „Resultat" im vorhergehenden Absatz sind als Warnung gedacht, aber auch als Bestätigung, dass sich durch die Einführung experimenteller Methoden nicht notwendigerweise der Begriff der mathematischen Wahrheit verändert; die Prämisse, dass eine mathematische Aussage nur durch die Vorlage eines formalen Beweises als wahr zertifiziert werden kann, gilt nach wie vor. Immer wenn ein Zusammenhang durch experimentelle Methoden aufgedeckt worden ist (und in diesem Buch werden wir viele konkrete Beispiele dafür geben), bleibt es ein wichtiges und legitimes Ziel, einen Beweis dafür zu finden – allerdings nicht das einzige Ziel.

Was experimentelle Mathematik (oder von nun an Experimentelle Mathematik als Fachgebiet) von der klassischen Sichtweise und Praxis der Mathematik unterscheidet, ist, dass der experimentelle Prozess nicht nur als Vorläufer zum eigentlichen Beweis angesehen wird, als etwas, das man in die privaten Notizbücher verbannt und höchstens aus einer historischen Perspektive betrachtet, nachdem ein Beweis gefunden worden ist. Sondern das Experiment wird als ein wesentlicher, selbstständiger Teil der Mathematik begriffen; es kann veröffentlicht werden, andere können darüber nachdenken, und es kann (was besonders wichtig ist) *zu unserem gesamten mathematischen Wissen beitragen*. Insbesondere wird dadurch Aussagen, die zwar von einer beträchtlichen Menge an experimentellen Ergebnissen gestützt, aber noch nicht formal bewiesen sind und dies vielleicht auch niemals sein werden, ein erkenntnistheoretischer Status verliehen. (Wir werden auch sehen, dass sich aus dem experimentellen Prozess selber ein Beweis ergeben kann. Wenn zum Beispiel eine Rechnung für einen bestimmten ganzzahligen Parameter p nachweist, dass er zwischen 2,5 und 3,784 liegen muss, dann liefert dies einen strikten Beweis dafür, dass $p = 3$ ist.)

Als sich in den 1970er Jahren auf Computern ausgeführte experimentelle Methoden in die mathematische Praxis einzuschleichen begannen, erhoben manche Mathematiker Einspruch. Sie sagten, dass ein solches Vorgehen nicht als richtige Mathematik angesehen werden könnte – dass das einzig wahre Ziel ein formaler Beweis sein sollte. Seltsamerweise hätte es eine solche Reaktion mehr als ein Jahrhundert zuvor nicht gegeben, als Menschen wie Fermat, Gauß, Euler oder Riemann viele Stunden ihres Lebens damit verbrachten, Rechnungen *im Kopf* durchzuführen, um „mögliche Wahrheiten" zu erkunden (von denen sie viele, aber nicht alle anschließend bewiesen). Die Vorherrschaft des Beweisbegriffs als dem einzigen Ziel in der Mathematik entstand im späten neunzehnten und frühen zwanzigsten Jahrhundert, als Versuche, die Infinitesimalrechnung zu verstehen, zu der Erkenntnis führten, dass eine intuitive Auffassung solch grundlegender Begriffe wie Funktion, Stetigkeit oder Differenzierbarkeit höchst problematisch ist und in einigen Fällen sogar zu scheinbaren Widersprüchen führen kann. Angesichts der unbehaglichen Tatsache, dass die Intuition unzureichend oder sogar einfach irreführend sein kann, begannen die Mathematiker darauf zu beharren, dass Werturteile von nun an ins Teeküchengeplauder zu verban-

I see the use of machines to produce mathematics — even one that converts coffee into theorems!

nen seien und nur noch das als seriös akzeptiert würde, was einen formalen Beweis habe.

Diese Sichtweise der Mathematik war vorherrschend, als wir beide, Ihre jetzigen Autoren, gerade dabei waren, unseren Beruf zu ergreifen. Die einzige Möglichkeit für uns, eine Stelle an einer Universität zu erhalten und beruflich voranzukommen, bestand darin, Sätze zu beweisen. Der berühmte ungarische Mathematiker Pál (Paul) Erdős (1913–1996) wird oft mit der Aussage zitiert: „Ein Mathematiker ist eine Maschine, die Kaffee in Sätze umwandelt."[4]

Jedenfalls konnte diese Sichtweise von beiden Autoren nicht ganz nachvollzogen werden. Borwein machte sich schon früh in seiner Karriere rechnergestützte, experimentelle Methoden zu eigen, indem er den Computer

---

[4] Eine genauere Wiedergabe wäre die folgende: „Rényi sollte einer der wichtigsten Mitarbeiter von Erdős werden. ... Ihre langen gemeinsamen Arbeitssitzungen wurden oft durch unendlich viele Tassen starken Kaffees angetrieben. Koffein ist die Droge der Wahl für die meisten Mathematiker in aller Welt, und Kaffee ist die bevorzugte Art der Verabreichung. Rényi, sicherlich gerade aufgeputscht durch starken Espresso, hat dies in einer berühmten Bemerkung zusammengefasst, die fast immer Erdős zugeschrieben wird: *Ein Mathematiker ist eine Maschine, die Kaffee in Sätze umwandelt.* ... Turán erfand das Korollar dazu, nachdem er verächtlich eine Tasse amerikanischen Kaffees getrunken hatte: *Schwacher Kaffee taugt nur für Lemmas.*" [Schechter 99, S. 155].

als Hilfe bei der Formulierung von Vermutungen und bei der Suche nach An-
haltspunkten, die für oder gegen die Vermutung sprachen, einsetzte, während Devlin die Logik zu seinem Spezialgebiet machte, wo der Begriff des
Beweises selbst unter das Mikroskop gelegt wird und wo es möglich ist, zu
beweisen (und dies auch zu publizieren), dass eine Aussage zwar wahr, aber
unbeweisbar sein kann – eine Möglichkeit, die zuerst von dem österreichi-
schen Logiker Kurt Gödel (1906–1978) im Jahre 1931 entdeckt wurde.

Letztlich schwang das Pendel dann wieder in die andere Richtung. Wir
denken, dass der Meinungsumschwung hin zum (unverhüllten) Einbeziehen experimenteller Methoden teilweise auf pragmatischen, teilweise auf
philosophischen Gründen beruhte. (Beachten Sie das Wort „Einbeziehen".
Das *Einbeziehen* experimenteller Methoden beseitigt natürlich nicht das Er-
fordernis eines Beweises. Egal, wie viele Nullstellen der Riemannschen Zetafunktion man beispielsweise berechnet und feststellt, dass sie alle einen
Realteil von $1/2$ haben, wird die mathematische Gemeinschaft dies nicht
zum Anlass nehmen zu verkünden, dass die Riemannsche Vermutung wahr
sei – dass nämlich alle (nichttrivialen) Nullstellen diese Form haben.[5])

Der pragmatische Grund für die Anerkennung experimenteller Techniken war die Zunahme der schieren Rechenleistung bei der Suche nach Gesetzmäßigkeiten und beim Anhäufen großer Mengen an Information zur Unterstützung einer Hypothese.

Gleichzeitig mit der zunehmenden Verfügbarkeit von immer billigeren,
schnelleren, leistungsfähigeren Computern, die sich für manche Mathematiker als unwiderstehlich entpuppte, gab es einen signifikanten, wenn auch
allmählichen Wandel in der Sichtweise der Mathematiker auf ihre Disziplin.
Die platonistische Philosophie, dass abstrakte mathematische Objekte in einer eigenen Welt, die von der unseren verschieden ist, eine reale Existenz
haben und es die Aufgabe der Mathematiker ist, ewige, unveränderliche
Wahrheiten über diese Objekte herauszufinden, wich langsam der Einsicht,
dass das Fachgebiet ein Erzeugnis der Menschheit ist, also das Ergebnis einer besonderen Art des menschlichen Denkens.

Lassen Sie uns nebenbei feststellen, dass das altertümlich klingende Wort
„platonistisch" für eine althergebrachte und lange vorherrschende Philosophie der mathematischen Arbeit relativ neuen Ursprungs ist. Der Begriff
wurde in den 1930er Jahren geprägt, als die Ergebnisse von Gödel Logiker und Philosophen der Mathematik dazu veranlassten, besonders intensiv
über das Wesen der Mathematik nachzudenken. Die Mathematiker selbst
ignorierten diese Angelegenheit allerdings fast völlig als eine Sache, die nur
für Philosophen interessant sei. In dieselbe Kerbe hieb auch der Linguist
Steve Pinker, als er kürzlich schrieb: „Ich glaube nicht, dass Biochemiker

---

[5] Allerdings gibt es unterschiedliche Meinungen darüber, ob oder bis zu welchem Grade die
rechnerische Überprüfung von Milliarden von Fällen eine sinnvolle Information darüber liefert, mit welcher Wahrscheinlichkeit diese Vermutung wohl wahr ist. Wir werden bald auf
dieses Beispiel zurückkommen.

auch nur im Geringsten daran interessiert sind, was Philosophen über Gene denken." Dies veranlasste den Biologen Steve Jones zurückzuschießen: „Wie ich schon früher gesagt habe, verhält sich Philosophie zur Wissenschaft so wie Pornografie zum Sex: Sie ist billiger, einfacher, und manche Leute bevorzugen sie."[6]

Es wäre allerdings ein Fehler zu glauben, der platonistische Standpunkt und die Sichtweise von der Mathematik als ein Ergebnis des menschlichen Denkens würden sich gegenseitig ausschließen. Es ist charakteristisch für die spezielle Art des Denkens, die wir Mathematik nennen, dass sie in der Sprache der Platonisten beschrieben werden kann – tatsächlich berichten die meisten Mathematiker, dass es sich für sie „platonistisch" anfühlt, wenn sie Mathematik treiben.

Der Meinungsumschwung vom Platonismus zur Sichtweise, die Mathematik sei nur eine weitere Art des menschlichen Denkens, stellte das Fach mehr in die Nähe der Naturwissenschaften, deren Ziel es nicht ist, „Wahrheit" in irgendeinem absoluten Sinne zu etablieren, sondern Sachverhalte zu analysieren, Hypothesen zu formulieren und dann Anhaltspunkte zu suchen, die entweder für oder gegen eine Hypothese sprechen.

Tatsächlich ist, wie der ungarische Wissenschaftstheoretiker Imre Lakatos (1922–1974) in seinem Buch *Beweise und Widerlegungen* darlegte (publiziert 1976, also zwei Jahre nach seinem Tod; auf Deutsch [Lakatos et al. 76]), der Unterschied zwischen Mathematik und den Naturwissenschaften schon immer eher scheinbar als real gewesen, und zwar aufgrund der Angewohnheit der Mathematiker, die erkundenden Arbeiten, die gewöhnlich einem formalen Beweis vorangehen, unter den Tisch fallen zu lassen.

Mitte der 1990er Jahre wurde es üblich, Mathematik als Wissenschaft zu „definieren" – etwa als die „Wissenschaft der Muster" (dieser Trend wurde 1994 beispielsweise auch unterstrichen durch Devlins Buch *Mathematics: The Science of Patterns*; auf Deutsch *Muster der Mathematik* [Devlin 97]).

Der letzte Nagel am Sarg des (von uns sogenannten) „Hardcore-Platonismus" war das Aufkommen von Computerbeweisen, deren erstes großes Beispiel 1976 der Beweis des Vierfarbensatzes war. Dessen Aussage wird auch heute noch nur dann als Satz akzeptiert, wenn man bereit ist, einer Beweisführung zu vertrauen (heutzutage tatsächlich mindestens zwei verschiedenen solcher Beweisführungen), die zu einem großen Teil nur auf dem Computer ausgeführt werden kann.

Die Riemannsche Vermutung, die wir schon erwähnt haben, kann als Illustration für das Ausmaß dienen, zu dem die Mathematik inzwischen den Naturwissenschaften ähnelt. Diese Vermutung ist inzwischen für die ersten *zehn Billionen* Nullstellen, die am nächsten zum Ursprung liegen, mittels Computern verifiziert worden. Aber jeder Mathematiker wird zustimmen, dass das noch kein schlüssiger Beweis ist. Nun könnte es ja sein, dass nächste Woche ein Mathematiker oder eine Mathematikerin im Internet einen Arti-

---

[6] Dieser Wortwechsel kann in *The Scientist* vom 20.6.2005 gefunden werden.

Plato: Look, Ari, up there are arbitrarily long arithmetic sequences in the set of primes – and will be there when the sun has engulfed the earth!

Aristoteles: Listen, old man, the computer has driven the final nail into the coffin of your "ideas." Down here is where the action is as long as we and IT are here.

kel von 500 Seiten Länge veröffentlicht, von dem er oder sie behauptet, dies sei ein Beweis der Riemannschen Vermutung. Weiter angenommen, die Argumentation in dem Artikel sei sehr kompakt aufgeschrieben und enthielte mehrere neue und tiefe Ideen. Einige Jahre vergehen, während derer viele Mathematiker in der ganzen Welt jedes Detail des Beweises genau studieren. Und obwohl sie nicht aufhören, immer wieder Fehler zu entdecken, gibt es immer jemanden (einschließlich des ursprünglichen Autors), der den Fehler korrigieren kann. Zu welchem Zeitpunkt wird die mathematische Gemeinschaft die Riemannsche Vermutung für gelöst erklären? Und was würden Sie selbst dann überzeugender finden: die Tatsache, dass es einen Beweis gibt, in dem bislang Hunderte von Fehlern gefunden wurden, wenn auch alle davon reparabel, oder die Tatsache, dass die Vermutung auf Computern in mehr als zehn Billionen Fällen (mal angenommen, *mit absoluter Sicherheit*) verifiziert worden ist? Sicherlich würden verschiedene Mathematiker auch verschiedene Antworten darauf geben, die aber nur ihre jeweiligen *Meinungen* widerspiegeln.

Vor Kurzem gab es tatsächlich einen solchen Fall. Die Herausgeber der Zeitschrift *Annals of Mathematics* beschlossen, den Beweis für ein bestimmtes Resultat nur mit dem angefügten Hinweis zu veröffentlichen, dass eine Gruppe von Experten den Beweis vier Jahre lang in allen Details geprüft habe, dass aber das positivste Fazit, das bislang gezogen werden konnte, lautete: Die Argumentation sei mit „99-prozentiger Sicherheit" korrekt, eine absolute Sicherheit könne aber nicht garantiert werden. Erst als ein hochrangiger Mathematiker intervenierte, lenkten die Herausgeber ein, und die Arbeit konnte ohne diesen Hinweis publiziert werden. Doch es war ein Präzedenzfall geschaffen, und die mathematische Welt hatte sich verändert.

Bei diesem problematischen Beweis handelte es sich um Thomas Hales' Lösung der Keplerschen Vermutung [Hales 05]. Auch wenn Teile des Beweises auf dem Computer durchgeführt wurden, liegt im Prinzip dieselbe Situation vor wie in unserem obigen Beispiel: Falls eine Argumentation komplex genug ist, kann niemand, auch nicht eine Gruppe der führenden Experten auf dem Gebiet, jemals sicher sein, dass sie wirklich korrekt ist. Letztlich basierte Hales' Methode auf einem Programm zur linearen Optimierung, das sicherlich korrekte Antworten zu geben scheint, jedoch nie dafür ausgelegt war, diese auch zu zertifizieren.

Heutzutage akzeptiert eine beträchtliche Anzahl an Mathematikern den Einsatz von rechnergestützten und experimentellen Methoden, so dass die Mathematik tatsächlich mehr und mehr den Naturwissenschaften ähnelt. Einige würden sagen, dass sie einfach eine Naturwissenschaft *ist*. Wenn dem so ist, dann ist sie auf jeden Fall die am meisten gesicherte und präziseste aller Wissenschaften – und wir glauben leidenschaftlich, dass sie dies auch stets bleiben wird. Letztlich müssen sich der Physiker oder der Chemiker stets auf ihre Beobachtungen, Messungen und Experimente verlassen, um sagen zu können, was „wahr" ist, und dabei besteht immer die Möglichkeit einer genaueren (oder anderen) Beobachtung, einer präziseren (oder anderen) Messung oder eines neuen Experiments, das die bislang anerkannten „Wahrheiten" modifiziert oder sogar umstürzt. Im Gegensatz dazu haben die Mathematiker den felsenfesten Begriff des Beweises als den endgültigen Schiedsrichter. Sicherlich ist diese Methode (in der Praxis) nicht perfekt, insbesondere wenn es um lange und komplizierte Beweise geht, aber sie bietet einen Grad an Sicherheit, dem keine Naturwissenschaft auch nur nahekommen kann. (Vielleicht sollten wir uns an dieser Stelle nicht zu weit vorwagen. Wenn Sie unter „nahekommen" verstehen, dass eine Übereinstimmung zwischen Theorie und Beobachtung erreicht werden kann, die auf mehr als zehn Nachkommastellen genau ist, dann haben Sie natürlich Recht, dass die moderne Physik eine derartige Sicherheit gelegentlich schon erreicht hat.)

Was für Dinge treibt denn nun ein experimenteller Mathematiker? Oder genauer gefragt – und wir hoffen, dass Sie mittlerweile die Gründe für diese

Konkretisierung nachvollziehen können –, was für Aktivitäten betreibt ein *Mathematiker* (oder eine Mathematikerin), die man in den Bereich der „Experimentellen Mathematik" einordnen kann? Hier einige Beispiele, die wir im Folgenden genauer ausführen werden:

1. symbolische Rechnungen mit einem Computeralgebrasystem wie Mathematica oder Maple,

2. Methoden zur Visualisierung von Daten,

3. Methoden zum Auffinden von ganzzahligen linearen Abhängigkeiten wie der PSLQ-Algorithmus (siehe unten),

4. hochgenaue Ganzzahl- und Gleitkommaarithmetik,

5. hochgenaue numerische Auswertung von Integralen und unendlichen Reihen,

6. Einsatz des Wilf-Zeilberger-Algorithmus zum Beweis hypergeometrischer Identitäten (worauf wir im Folgenden nicht weiter eingehen),

7. iterative Approximation stetiger Funktionen (dito),

8. Identifizierung von Funktionen anhand von Eigenschaften ihres Graphen.

Wir sollten darauf hinweisen, dass unsere kurze Darstellung es in keinster Weise darauf anlegt, das gesamte moderne Gebiet der Experimentellen Mathematik umfassend abzudecken. Stattdessen konzentrieren wir uns auf eine ausgewählte Teilmenge des Gebietes, um diese mächtige (und noch nicht ausgereizte) neue *Herangehensweise* an mathematische Entdeckungen zu beleuchten, die durch den Computer möglich gemacht wurde. (Allerdings sollten wir hier unsere Beobachtung in Erinnerung rufen, dass in früheren Tagen viele der größten Mathematiker unzählige Stunden für „experimentelle Vorhaben" aufwandten und umfangreiche Berechnungen allein mit der Hilfe von Papier und Bleistift und der Kraft ihres eigenen Verstandes durchführten – oder manchmal mit dem einen oder anderen Assistenten.[7])

Hauptsächlich besteht unsere Teilmenge aus (Häppchen von) experimenteller reeller Analysis und experimenteller analytischer Zahlentheorie, wobei erstere oft aus Problemen der modernen Physik stammt. Im letzten Kapitel (Kapitel 11) werden wir eine sehr kurze Übersicht über den Einsatz experimenteller Methoden in einigen anderen Teilen der Mathematik bringen.

---

[7] Bis zur zweiten Hälfte des zwanzigsten Jahrhunderts bezog sich das englische Wort „Computer" („Rechner") auf einen Menschen, nicht auf eine Maschine.

Untersuchungen

Eines der am schwersten zu erlernenden Dinge beim Experimentieren mit
dem Computer besteht darin zu unterscheiden, wann man durch das Experimentieren noch etwas Neues herausfinden kann und wann „Herumprobieren" nur noch Zeitverschwendung ist. Idealerweise sollte jedes Experiment wie eine klinische Studie in der Medizin durchgeführt werden: mit
einer Nullhypothese, einem Prüfplan, zuvor festgelegten statistischen Tests,
einwandfrei geführten Laborbüchern (auf Papier oder elektronisch) und so
weiter. Doch in der Realität wird es stets das Herumprobieren geben. Fan-
gen wir also gleich damit an!

1. *Folgen erkennen.* Durch welche Bildungsgesetze werden diese Folgen
   erzeugt?

   (a) 6, 28, 496, 8128, 33550336, 8589869056, 137438691328, . . .

   (b) 1, 1, 2, 4, 9, 21, 51, 127, 323, 835, 2188, 5798, 15511, 41835, . . .

   (c) 1, 1, 2, 5, 15, 52, 203, 877, 4140, 21147, 115975, 678570, 4213597,
       . . .

   (d) 1, 2, 6, 22, 94, 454, 2430, 14214, 89918, 610182, 4412798, . . .

   (e) 1, 4, 11, 16, 24, 29, 33, 35, 39, 45, 47, 51, 56, 58, 62, 64, . . .

   (f) 1, 20, 400, 8902, 197281, 4865609, . . .

2. *Das 3n + 1-Problem.* Einige ungelöste Probleme scheinen sich zunächst
   zum Experimentieren geradezu anzubieten, bevor dann erst ihr wahrer
   Schwierigkeitsgrad zutage tritt. Ein berühmtes Beispiel ist das „$3n + 1$"-
   Problem, das auch unter vielen anderen Namen bekannt ist: das Collatz-
   Problem, das Syracuse-Problem, das Kakutani-Problem, der Hasse-Algo-
   rithmus und Ulams Problem. Der folgende einfache Algorithmus wird
   rekursiv angewendet, beginnend mit einer beliebigen natürlichen Zahl n:
   Wenn n gerade ist, teile es durch 2; wenn n ungerade ist, multipliziere
   es mit 3 und addiere 1; verfahre mit dem Ergebnis ebenso und setze dies
   fort, bis die Folge den Wert 1 erreicht. Das Problem ist: Erreicht dieser
   Prozess für jede Startzahl den Wert 1?

Wenn Sie zum Beispiel mit der 13 beginnen, erhalten Sie

$$13 \to 40 \to 20 \to 10 \to 5 \to 16 \to 8 \to 4 \to 2 \to 1.$$

Beachten Sie, dass sich von nun an unendlich oft der Zyklus 4, 2, 1 wiederholen würde, wenn man fortführe, die Regel anzuwenden. Sie können den Algorithmus leicht auf dem Computer mit einem einfachen Programm selber testen. Dann werden Sie feststellen, dass Sie, egal welche
Startzahl Sie eingeben, am Ende stets bei der 1 landen. Es gibt Startzah-
len, bei denen Sie dafür sehr viele Schritte benötigen und zwischendurch

sehr große Werte erreichen, bevor dann die Folge wieder zu kleineren Werten abfällt und am Ende doch bei der 1 ankommt. Solche Folgen werden manchmal auch Hagelschlag- oder Jongleurs-Folgen genannt.

Probieren Sie mal aus, was passiert, wenn Sie mit der 7 starten (das geht sogar noch schnell im Kopf). Versuchen Sie dann einige andere Zahlen, zum Beispiel die 27, die schon 111 Schritte braucht.

Was passiert, wenn Sie die 3 in eine 5 ändern, so dass Sie eine „$5n + 1$"-Regel erhalten? Auch können Sie darüber nachdenken, auf welche Weise die $3n + 1$-Vermutung (dass jede Startzahl zur 1 führt) fehlschlagen kann. Für eine solche Startzahl muss die Folge entweder divergieren oder in eine unendliche Schleife geraten. Viele Varianten des Problems geraten tatsächlich in solche Schleifen [Franco und Pomerance 95].

Wenn wir Ihnen nun sagen, dass der Mathematiker John Conway die Unentscheidbarkeit einiger ähnlicher Probleme gezeigt hat und dass die ersten 5×10^{13} Fälle des $3n + 1$-Algorithmus bereits nachgerechnet worden sind und alle zur 1 führen, dann beginnen Sie zu erahnen, wie komplex das Verhalten solch anscheinend einfacher Regeln sein kann.

3. *Kettenbrüche.* Kettenbrüche sind eine hervorragende Quelle für viele Stunden der Beschäftigung mit einem Computeralgebrasystem, während derer Sie die Irrationalzahlen erkunden können. Doch bevor Sie anfangen, sollten Sie sich mit der Schreibweise der (regulären) Kettenbrüche vertraut machen, bei der $[a_0, a_1, a_2, a_2, \ldots, a_n, \ldots]$ den viel Platz verbrauchenden Ausdruck

$$a_0 + \cfrac{1}{a_1 + \cfrac{1}{a_2 + \cfrac{1}{a_3 + \ldots + \cfrac{1}{a_n + \ldots}}}},$$

abkürzt, wobei die $a_0, a_1, a_2, a_2, \ldots, a_n, \ldots$ natürliche Zahlen sind.

Wenn $\alpha = [a_0, a_1, a_2, a_2, \ldots, a_n, \ldots]$ ist, dann ist der Zusammenhang zwischen den *Teilnennern* a_k und der Zahl α wie folgt. Im Kettenbruch ist die Information verschlüsselt, dass die Anfangsbedingungen $q_0 := 1 =: p_{-1}$, $q_{-1} := 0, p_0 := a_0$ und die Iteration

$$p_{n+1} := a_{n+1}p_n + p_{n-1},$$
$$q_{n+1} := a_{n+1}q_n + q_{n-1}$$

mittels $[a_0, a_1, a_2, \ldots, a_n] = p_n/q_n$ sehr gute rationale Approximationen liefern, die gegen α konvergieren. Diese *Näherungsbrüche* können aus der obigen Rekursion leicht berechnet werden.[8]

---

[8] Mehr Informationen finden Sie unter http://de.wikipedia.org/wiki/Kettenbruch oder (auf Englisch) http://mathworld.wolfram.com/ContinuedFraction.html.

Ebenso können die Teilnenner a_n leicht aus α berechnet werden: Setze $a_0 := \alpha$ und berechne sukzessive

$$a_n = \lfloor a_n \rfloor, a_{n+1} = 1/(a_n - a_n),$$

so dass a_k der ganzzahlige Anteil[9] von a_k und a_{k+1} dessen gebrochener Anteil ist. Die folgenden Zeilen liefern dies als Maple-Programm:

```
cf:=proc(alpha,n) local a, k, r; a:=alpha; r:=alpha;
   for k to n do a:=a,trunc(r); r:=1/frac(r); od;
a; end:
```

Implementieren Sie dieses Programm in Maple (oder etwas Äquivalentes in Ihrer bevorzugten Programmiersprache) und benutzen Sie es, um die ersten zehn Teilnenner von π und von e zu berechnen.

---

[9] Die „halben" Klammern stehen für die *Abrundungsfunktion*: $\lfloor x \rfloor$ ist die größte ganze Zahl, die kleiner oder gleich x ist. Ihr Gegenpart, die *Aufrundungsfunktion* $\lceil x \rceil$, liefert die kleinste ganze Zahl, die größer oder gleich x ist. Beispielsweise ist $\lfloor \pi \rfloor = 3$ und $\lceil \pi \rceil = 4$. Im englischen Sprachgebrauch haben sich *floor* und *ceiling* für die beiden Funktionen eingebürgert.

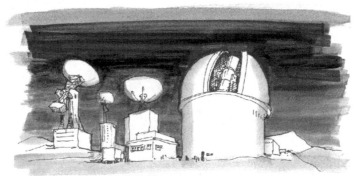

$1\,\text{ly} = 9.4607 \times 10^{15}\,\text{m}$

What is in a quadrillion?
A tenth of a light year
is a quadrillion meters.

2 Was ist die billiardste Dezimalstelle von π?

Es kann keinen praktischen Nutzen haben zu wissen, dass Pi irrational ist, aber wenn wir es wissen können, dann wäre es sicherlich unerträglich, es nicht zu wissen.

Edward Titchmarsh (1899–1963)

Möglicherweise werden wir niemals die Antwort auf die oben gestellte Frage finden. Auch wenn es einige effiziente Algorithmen zur Berechnung von π gibt, erfordern sie alle die Berechnung der Dezimalziffern der Reihe nach (3,14159 usw.), und selbst mit den leistungsfähigsten Computern, die es gibt, würde es einfach zu lange dauern, die billiardste Stelle zu erreichen. Eine Billiarde sind 10^{15}. Im Moment (Mai 2010) sind die ersten knapp 2,7 Billionen Ziffern von π bekannt (berechnet durch Fabrice Bellard Ende 2009 in 131 Tagen auf einem normalen Desktop-PC). Und falls Sie es schon immer wissen wollten: Die zehn Dezimalziffern bis zur billionsten Stelle sind 6680122702. Wir werden später (in Kapitel 7) auf die Bemühungen zurückkommen, immer mehr Dezimalstellen von π zu berechnen, und einige der dabei benutzten Methoden vorstellen, aber im Moment wollen wir eine etwas andere Frage betrachten: Was ist die billiardste Stelle in der *Binärentwicklung* von π?

Vermutlich denken Sie, das sei genauso hoffnungslos, und doch ist das nicht der Fall. Wir können Ihnen die Antwort einfach mitteilen: Die billiardste Binärziffer von π ist eine 0.[1] Wenn wir schon dabei sind, verraten wir Ihnen noch ein Geheimnis: Sie könnten der erste Mensch sein, der die billiardste Stelle in der *hexadezimalen* Darstellung von π berechnet; die Methode, die wir gleich beschreiben werden, funktioniert für beide Basen, 2 und 16, aber noch hat sie niemand benutzt, um die billiardste Hexadezimalziffer zu finden. Die Ziffern der Zahl π wären um einiges leichter zu handhaben, wenn nur die Evolution uns Menschen mit zwei oder sechzehn Fingern versorgt hätte!

---

[1] Am Ende dieses Kapitels finden Sie einige Details zu dieser Berechnung.

Der Schlüssel zu dieser bemerkenswerten (wenn auch anscheinend völlig nutzlosen) Information ist die folgende Formel, die 1995 von Peter Borwein (dem Bruder Ihres ersten Autors), David Bailey und Simon Plouffe entdeckt wurde und nach ihnen als BBP-Formel bezeichnet wird [Bailey et al. 97]:

$$\pi = \sum_{k=0}^{\infty} \frac{1}{16^k} \left(\frac{4}{8k+1} - \frac{2}{8k+4} - \frac{1}{8k+5} - \frac{1}{8k+6} \right). \qquad (2.1)$$

(Es liegt im Wesen eines guten Teils der heutigen Experimentellen Mathematik, dass sie Formeln benötigt, die ziemlich viel Platz beanspruchen. Die obige Formel liefert hierfür nur einen ersten Vorgeschmack. Allerdings kommen in den meisten unserer Beispiele, so wie auch hier, nur sehr einfache mathematische Objekte vor.)

Mit Formel (2.1) können Sie direkt die binären oder hexadezimalen Ziffern von π beginnend mit der n-ten Stelle berechnen, ohne dass Sie dazu die vorhergehenden $n-1$ Stellen benötigen. Alles, was Sie für diese Berechnung benötigen, ist ein einfacher Algorithmus, der auf normaler 64- oder 128-Bit-Arithmetik läuft. Wir werden noch darstellen, wie diese Rechnung ausgeführt wird, aber hauptsächlich interessieren wir uns dafür, wie die BBP-Formel entdeckt wurde.

Diese Geschichte begann mit der bekannten klassischen Formel

$$\log 2 = \sum_{k=1}^{\infty} \frac{1}{k 2^k}. \qquad (2.2)$$

Um 1994 erkannten Peter Borwein und Simon Plouffe, damals beide an der Simon Fraser University in Kanada, dass man diese Formel nutzen kann, um einzelne Binärziffern von $\log 2$ zu berechnen. Angenommen, Sie wollen ein paar der Binärziffern ab der Position $d+1$ angeben. Das ist äquivalent dazu, den Wert $\{2^d \log 2\}$ zu berechnen, wobei $\{\dots\}$ den gebrochenen Anteil bezeichnet[2]. Aus (2.2) ergibt sich:

$$\{2^d \log 2\} = \left\{ \left\{ \sum_{k=1}^{d} \frac{2^{d-k}}{k} \right\} + \left\{ \sum_{k=d+1}^{\infty} \frac{2^{d-k}}{k} \right\} \right\}$$

$$= \left\{ \left\{ \sum_{k=1}^{d} \frac{2^{d-k} \bmod k}{k} \right\} + \left\{ \sum_{k=d+1}^{\infty} \frac{2^{d-k}}{k} \right\} \right\}. \qquad (2.3)$$

(Gehen Sie diese Formel langsam Schritt für Schritt durch. Hier passiert nichts Tiefsinniges, nur die Schreibweise sieht etwas kompliziert aus. Wenn wir den gebrochenen Anteil einer Summe berechnen, können wir die ganz-

---

[2] Mit der am Ende von Kapitel 1 eingeführten Schreibweise gilt also: $\{x\} = x - \lfloor x \rfloor$.

zahligen Anteile einzelner Summanden jederzeit vernachlässigen, und das „mod k" im Zähler des ersten Terms können wir einfügen, weil wir nur am gebrochenen Anteil des Quotienten nach der Division durch k interessiert sind.)

Nun lassen Sie uns sehen, wie wir die Formel (2.3) benutzen können, um Binärziffern von $\log 2$ ab der Position $d + 1$ zu berechnen. Zunächst gibt es eine höchst effiziente Methode, um die Zähler $2^{d-k} \bmod k$ in der ersten Summe zu berechnen. Die naive Vorgehensweise wäre, die 2 einfach $(d - k)$-mal mit sich selbst zu multiplizieren und jedes dabei entstehende ganzzahlige Vielfache von k gleich wieder abzuziehen. Dabei würde man also niemals eine Zahl speichern müssen, die größer als k wäre, doch wenn $d - k$ sehr groß ist (wie es der Fall wäre, wenn d eine Billiarde ist), würde es eine sehr große Anzahl an Schritten erfordern – tatsächlich eine zu große Anzahl. Doch wenn Sie die Potenz 2^{d-k} durch wiederholtes Quadrieren berechnen, können Sie die Rechnung gewaltig reduzieren. Zum Beispiel ist

$$2^{50} = ((((2^2)^2)^2)^2)^2 \times (((2^2)^2)^2)^2 \times 2^2,$$

was nur fünf statt fünfzig Verdopplungen (sowie zwei Multiplikationen) erfordert. Wenn Sie die Rechnung bezüglich eines relativ kleinen Moduls, etwa mod 10, durchführen und alle dabei auftauchenden Vielfachen von 10 sofort weglassen, dann könnten Sie sie sogar im Kopf anstellen. Nach ein wenig unkomplizierter Programmierarbeit erhalten Sie schnell ein Computerprogramm, das derartige Berechnungen mit großer Effizienz durchführt.[3]

Damit haben Sie eine effiziente Methode, um die erste Summe in (2.3) zu berechnen. Da nur wenige Binärziffern ab der Position $d + 1$ berechnet werden sollen, kann die zweite (unendliche) Summe nach einigen Termen abgebrochen werden. (Beachten Sie, dass die einzelnen Terme in der zweiten Summe schnell klein werden.) Und insgesamt erhalten Sie damit die gesuchten Binärziffern.

Wenn $d < 10^7$ ist, kann die gesamte Rechnung mit der üblichen 64-Bit-Arithmetik ausgeführt werden, die bei den meisten Computern Standard ist. Mit einer 128-Bit-Gleitkommaarithmetik können Sie bequem $d \leq 10^{15}$ handhaben. Für d jenseits von 10^{15} benötigen Sie spezielle arithmetische Routinen, aber damit würden Sie die billiardste Stelle überschreiten, die ja unser Ausgangspunkt war.

Nun mag das zwar eine nette Beobachtung gewesen sein, aber bis jetzt nichts auch nur entfernt Experimentelles. Doch sobald sie diese Entdeckung für $\log 2$ gemacht hatten, fragten sich Borwein und Plouffe, ob man nicht einen ähnlichen Zaubertrick auch für π ausführen könnte. Das mag viel-

---

[3] Derartige Klammergymnastik ist typisch für moderne Verfahren. Oft führt cleveres Umsortieren einer Berechnung zu einer gewaltigen Arbeitsersparnis.

leicht für die Menschheit genauso nutzlos sein, aber wenn man den Status
von π in der Mathematik bedenkt und die Faszination, die schon die alten
Griechen für die Berechnung von π verspürten, dann wäre das auf jeden
Fall interessant![4]

Offensichtlich kann dieselbe Methode auf jede Konstante α angewendet
werden, die mittels einer Formel der Bauart

$$\alpha = \sum_{k=0}^{\infty} \frac{p(k)}{b^k q(k)}$$

dargestellt werden kann (mit einer natürlichen Zahl $b > 1$ und Polynomen p und q mit ganzzahligen Koeffizienten, wobei q keine Nullstellen auf
den natürlichen Zahlen hat). Auch wenn verschiedene Reihenentwicklun-
gen von π bekannt sind, förderte eine Durchsicht der verfügbaren Literatur
nichts von der obigen Form zutage. Also taten sich Borwein und Plouffe mit
David Bailey zusammen, einem Mathematiker mit Expertise im wissenschaftlichen Rechnen, der damals am NASA Ames Research Center in Kalifornien
arbeitete,[5] um festzustellen, ob π sich als Linearkombination von anderen
Konstanten der gesuchten Form schreiben lässt.

Bailey hatte ein Computerprogramm entwickelt, das solche Linearkom-
binationen finden kann und auf dem *PSLQ-Algorithmus* basiert, der von
dem amerikanischen Mathematiker und Bildhauer Helaman Ferguson entwickelt worden war. Der Name „PSLQ" stammt von der Vorgehensweise des
Algorithmus, der im Laufe der Rechnung einen Vektor von Partialsummen
gewisser Quadrate und eine orthogonale Dreiecksmatrix benutzt (auf Englisch: *partial sum of squares* und *lower triangular orthogonal matrix* oder
LQ matrix).

---

[4] Natürlich hängt es davon ab, was genau man unter „nützlich" versteht, wenn ein bestimmtes mathematisches Resultat als „nutzlos" erklärt wird – und selbst dann ist das ein Wertur-
teil, das sich im späteren Rückblick als falsch erweisen kann. Wenn es einer großen Anzahl
an Leuten Vergnügen bereitet oder sie dazu anregt, über das Resultat nachzudenken, dann
kann man es sicher als „nützlich" bezeichnen – und in diesem Sinne ist das Borwein-Plouffe-
Resultat genauso „nützlich" wie Literatur oder Kunst. In der Mathematik gibt es oft eine
versteckte Nützlichkeit, indem sich von Methoden, die entwickelt wurden, um ein „nutzlo-
ses" Resultat zu erhalten, später herausstellt, dass sie andere Anwendungen in wesentlich
handfesteren Situationen haben. Und tatsächlich hat sich dieser Algorithmus schon dadurch
als nützlich erwiesen, dass er wegen seines geringen Speicherplatzbedarfes in zumindest
einen Fortran-Compiler integriert worden ist. Auch in Bellards und anderen π-Rekorden ist
er benutzt worden, um das Ergebnis durch direkte Berechnung einiger Hexadezimalziffern
um die höchsten berechneten Stellen herum zu verifizieren. Das dauert dann nur Stunden
anstatt der Monate, die sonst nötig wären, um sämtliche Stellen nochmals neu zu berechnen. (Details können Sie in dem Buch *Mathematics by Experiment* [Borwein und Bailey 08]
finden.) Wie viele andere Mathematiker auch beschäftigen sich Ihre beiden jetzigen Autoren
mit der Mathematik nicht wegen ihrer „Nützlichkeit", aber uns ist klar, dass die Frage der
Nützlichkeit für viele von Interesse ist.

[5] Er ist jetzt am Lawrence Berkeley Laboratory in Kalifornien tätig.

Der PSLQ-Algorithmus ist eine Methode zum Auffinden von ganzzahligen linearen Abhängigkeiten (kurz: von Integerrelationen[6]). Ohne in die Details gehen zu wollen, tun solche Algorithmen Folgendes: Zunächst sei festgestellt, dass die Aufgabe, eine reelle Konstante a als rationale Linearkombination

$$a = q_1 a_1 + q_2 a_2 + \ldots + q_n a_n$$

aus gewissen anderen reellen Konstanten $a_1, a_2, \ldots, a_n$ mit rationalen Koeffizienten $q_1, \ldots, q_n$ zu schreiben, äquivalent ist zu der Aufgabe, ganze Zahlen $\lambda_0, \lambda_1, \ldots, \lambda_n$ zu finden mit $\lambda_0 \neq 0$ und

$$\lambda_0 a + \lambda_1 a_1 + \ldots + \lambda_n a_n = 0.$$

Falls beliebige reelle Zahlen $a_0, a_1, \ldots, a_n$ und eine Detektionsschwelle $\varepsilon > 0$ vorgegeben sind, dann findet ein Integerrelationsalgorithmus entweder Koeffizienten $\lambda_0, \lambda_1, \ldots, \lambda_n$ mit

$$|\lambda_0 a_0 + \lambda_1 a_1 + \ldots + \lambda_n a_n| < \varepsilon$$

oder teilt uns mit, dass innerhalb einer Kugel um den Ursprung mit einem Radius, den das Programm ebenfalls ausgibt, kein solcher Ausdruck existiert.

Natürlich wird man nur selten genau eine 0 für den Wert der Summe erhalten, und selbst wenn, kann man nicht sicher sein, ob das nicht nur ein Artefakt der jeweils verwendeten Computerarithmetik ist, die nur mit einer festen Anzahl an Binärstellen rechnet. Doch wenn Sie die Detektionsschwelle ε hinreichend klein wählen, können Sie so viel Vertrauen in das Ergebnis erhalten, wie Sie nur wollen. Für die Zwecke der Experimentellen Mathematik ist das normalerweise ausreichend, um feststellen zu können: „Das Ergebnis ist experimentell gleich 0."

Wird dadurch tatsächlich bewiesen, dass die Linearkombination gleich 0 ist (oder dass es auch nur eine Linearkombination gleich 0 *gibt*)? Natürlich nicht. Und doch werden viele (die meisten?) Mathematiker, wenn man ihnen zwei geschlossene Ausdrücke zeigt, die auf beispielsweise 100 (oder 500 oder 1000 usw.) Stellen dieselbe Dezimalentwicklung haben, mit einigem Vertrauen die Schlussfolgerung ziehen, dass beide Ausdrücke gleich sind. Dieses Vertrauen wird in den meisten Fällen zweifellos so groß sein, dass der Mathematiker oder die Mathematikerin eine beträchtliche Menge an Zeit und Mühe auf den Versuch verwenden wird, einen strengen Beweis für die Gleichheit zu finden.[7]

---

6 „Integerrelation" ist eigentlich kein deutsches Wort, sondern eine Verballhornung des englischen *integer relation*, also „Beziehung mit ganzen Zahlen". „Integerrelation" ist aber gerade in zusammengesetzten Begriffen einfacher zu verwenden als „ganzzahlige lineare Abhängigkeit".

7 Jedoch werden Sie in Kapitel 10 einige Beispiele finden, in denen die Intuition in die Irre führt.

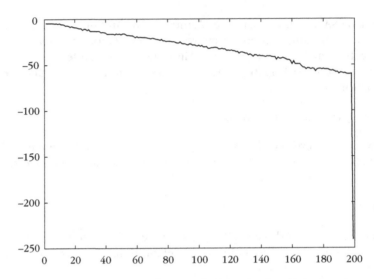

Abb. 2.1 Verlauf von $\log_{10}(\min_i |(A_k^{-1}x)_i|)$ als Funktion der Anzahl der Iterationen k in einem typischen Lauf von PSLQ, wobei x der Eingabevektor ist.

Das Folgende sollte ein Anwender über den PSLQ-Algorithmus wissen (wieder ohne alle Details).

Bezeichne den Eingabevektor $(a_1, \ldots, a_n)$ als x. Die Idee ist, eine Folge von Matrizen A_k zu konstruieren, so dass die Komponenten des Vektors $y_k = A_k^{-1}x$ von Schritt zu Schritt immer kleiner werden. Dabei wird außerdem darauf geachtet, dass in jedem Schritt die größte und die kleinste Komponente von y_k sich um höchstens zwei oder drei Größenordnungen unterscheiden.

Wenn der Algorithmus eine Relation entdeckt, dann fällt die kleinste Komponente von y_k plötzlich bis zur Größenordnung der verwendeten Rechengenauigkeit ab (also auf ungefähr 10^{-p}, falls die Rechnung mit p Stellen Genauigkeit durchgeführt wird). Die gesuchte Integerrelation wird dann durch die entsprechende Spalte der Matrix A_k^{-1} gegeben. Abbildung 2.1 zeigt dieses Verhalten für einen typischen Durchlauf von PSLQ.

Um mit einiger Zuversicht sagen zu können, dass das, was der Algorithmus zurückgibt, eine tatsächliche Integerrelation ist (absolute Sicherheit ist natürlich nicht möglich), könnte man die Detektionsschwelle ε beispielsweise auf 10^{-100} setzen. Die in der Rechnung verwendete Rechengenauigkeit muss dann noch um ein paar Größenordnungen kleiner sein, um sicherzustellen, dass die unvermeidlichen Rundungsfehler das Resultat nicht wesentlich beeinflussen. (Für einen Integerrelationsalgorithmus muss man fast immer eine hochgenaue Arithmetik einsetzen.)

Um nun auf Peter Borweins und Simon Plouffes Suche nach einer Formel zurückzukommen, mit der sie beliebige Binärziffern von π berechnen könnten, erinnern wir daran, dass, wie sie bereits wussten, ihre log 2-Methode für jede Konstante funktionieren würde, die sich schreiben ließ als

$$\alpha = \sum_{k=0}^{\infty} \frac{p(k)}{q(k)2^k}.$$

Hier bezeichnen, wie zuvor, p und q ganzzahlige Polynome mit $\deg p <$ $\deg q$ und q ohne Nullstellen auf den natürlichen Zahlen. Eine erste Durchsicht der Literatur ergab ungefähr 25 Konstanten dieses Typs. Doch π gehörte nicht dazu. Borwein und Plouffe war jedoch klar, dass sie beliebige Binärziffern für jede Zahl berechnen konnten, die als Linearkombination solcher Konstanten ausgedrückt werden kann. Konnten sie eine derartige Linearkombination für π finden?

Als wir das letzte Mal bei den beiden Forschern waren, hatten sie sich gerade an David Bailey und seine Implementation des PSLQ-Algorithmus in hochgenauer Gleitkommaarithmetik gewandt. Konnte Baileys Programm eine Integerrelation für den Vektor $(\alpha_1, \alpha_2, \dots, \alpha_n)$ finden, wobei $\alpha_1 = \pi$ ist und $\alpha_2, \dots, \alpha_n$ die aus der Literatur entnommenen Konstanten von der benötigten Bauart sind, alle ausgewertet mit einer Genauigkeit von einigen hundert Stellen?

Zunächst konnte es das nicht. Doch was, wenn sie noch einige andere Konstanten des benötigten Typs finden könnten?

Und so begann die Suche. Es war nicht direkt ein Umhertappen im Dunkeln, aber doch fast. Und die Suche dauerte eine ganze Weile, wobei jedes Mal, wenn eine neue Konstante in der Literatur gefunden wurde, der Algorithmus neu gestartet wurde.

Doch schließlich, nachdem etwa zwei Monate lang gerechnet worden war, stieß Baileys Programm auf die Goldader. Es fand die Formel

$$\pi = 4\,{}_2F_1\left(\begin{array}{c} \frac{1}{4}, 1 \\ \frac{5}{4} \end{array} \middle| -\frac{1}{4} \right) + 2\arctan\left(\frac{1}{2}\right) - \log 5,$$

wobei der erste Term auf der rechten Seite nach dem Faktor 4 der Wert einer hypergeometrischen Funktion und ungefähr gleich 0,955933837... ist (siehe auch Gleichung (4.2) weiter unten). Als die Forscher diesen Ausdruck in Summenschreibweise gebracht hatten, war die seitdem berühmt gewordene BBP-Formel gefunden. Die Suche war beendet.

Wir sollten darauf hinweisen, dass das Resultat, mit dem wir dieses Kapitel motivierten, also die Berechnung der billiardsten Binärstelle von π, selbst mit der BBP-Formel eine eindrucksvolle Leistung ist. Diese spezielle Berechnung wurde im September 2000 durchgeführt, organisiert von Colin Percival, der damals ein Student im Grundstudium an der Simon Fraser University in Kanada war. Die Rechnung verschlang 250 CPU-Jahre, verteilt auf 1734 Rechner in 56 Ländern. Die billiardste Hexadezimalstelle von π zu berechnen, wird noch wesentlich mühsamer sein, da sie den Binärziffern um die Stelle 4×10^{15} entspricht. Doch Fortschritte bei der Rechenleistung seit dem Projekt von Percival sollten diese Berechnung mit ziemlicher Sicherheit inzwischen möglich gemacht haben.

Wir beenden dieses Kapitel noch mit einer interessanten Beobachtung von Bailey und Richard Crandall. Betrachten Sie die Iteration

$$x_0 = 0;$$

$$x_n = \left\{ 16x_{n-1} + \frac{120n^2 - 89n + 16}{512n^4 - 1024n^3 + 712n^2 - 206n + 21} \right\}.$$

Der Bruch in dieser Formel stammt aus der BBP-Formel (2.1), wenn Sie einfach die vier Brüche in (2.1) auf den Hauptnenner bringen und dann den Index um 1 verschieben.

Nun definiere y_n durch

$$y_n = \lfloor 16x_n \rfloor.$$

Bailey und Crandall wurden durch eine Analyse der statistischen Verteilung der Hexadezimalziffern von π darauf gebracht, sich diese Zahlen y_n genauer anzusehen. Denn wenn Sie das Einheitsintervall in sechzehn gleich große Teilintervalle aufteilen und diese mit $0, 1, \ldots, 15$ durchnummerieren, dann ist y_n die Nummer des Teilintervalls, in dem x_n liegt.

Jetzt kommt das Überraschende: Die Folge (y_n) wurde berechnet, und es stellte sich heraus, dass die erste Million ihrer Werte *genau* mit der ersten Million der Hexadezimalziffern von $\pi - 3$ übereinstimmt. (Das ist eine ziemlich aufwändige Rechnung, die ungefähr n^2 Rechenschritte benötigt und nicht besonders gut parallelisierbar ist.) Dies veranlasste Bailey and Crandall zu der Vermutung, dass die Folge (y_n) genau mit den hexadezimalen Ziffern von $\pi - 3$ übereinstimmt.

Bis jetzt ist diese Vermutung noch nicht endgültig bewiesen worden. Aber bewiesen oder nicht, ist sie denn wahr? Oder ist die Gleichheit der ersten Million Werte ein irreführender Zufall, ein Beispiel für die stets präsente Gefahr in der Experimentellen Mathematik – zwar selten, aber durchaus real –, dass solche Regelmäßigkeiten manchmal in Hunderten, Millionen, Milliarden (und mitunter noch *weitaus* mehr) Fällen auftreten, bevor sie dann doch noch versagen? Wie wir schon angedeutet haben, werden wir auf dieses beunruhigende, aber auch faszinierende Phänomen der irreführenden Evidenz in Kapitel 10 zurückkommen.

Untersuchungen

1. *BBP-Formeln.* Diese gibt es für eine große Anzahl an Konstanten in verschiedenen Zahlenbasen. Zum Beispiel können Sie BBP-Formeln finden für

   (a) den Logarithmus jeder Primzahl kleiner als 23,

   (b) π^2 zur Basis 2 und zur Basis 3,

(c) die Catalansche Konstante

$$G = \sum_{n=0}^{\infty} \frac{(-1)^n}{(2n+1)^2}$$

zur Basis 2.

Was π zur Basis 10 betrifft, so ist bereits schlüssig gezeigt worden, dass es eine derartige Formel nicht gibt.

2. *Für e ist zu keiner Basis eine BBP-Formel bekannt.* Man vermutet, dass es keine gibt. Können Sie eine „natürliche" langsame Reihe für e finden? (Eine Reihe muss nicht schnell konvergieren, um nützlich zu sein. Denn wie wir gesehen haben, ist es die Existenz geeigneter langsam konvergenter Reihen, die dazu führt, dass einzelne Ziffern herausgepickt werden können.) Wie Richter Potter Stewart werden Sie eine „natürliche" Reihe erkennen, wenn Sie sie sehen.

3. *Tröpfel-Algorithmen für π und e.* Ein *Tröpfel-Algorithmus* für eine Konstante ist ein Algorithmus, der deren Ziffern eine nach der anderen produziert („Tröpfchen für Tröpfchen").

Das ist besonders einfach für e, weil Überträge kein großes Problem sind. Der folgende Algorithmus, der von Stanley Rabinowitz und Stan Wagon stammt, erzeugt die Ziffern von e:

> Setze zur Initialisierung alle Einträge des Vektors A der Länge $n+1$ zu 1. Dann wiederhole die folgenden Schritte $(n-1)$-mal:
>
> (a) Multipliziere jeden Eintrag in A mit 10.
> (b) Reduziere rechts beginnend den i-ten Eintrag von A modulo $i+1$ und addiere den Quotienten der Division zum nächsten Eintrag links. Der letzte auf diese Weise produzierte Quotient ist die nächste Ziffer von e.

Dieser Algorithmus basiert auf der folgenden Formel, die eine einfache Umformulierung der schnell konvergierenden Reihe $e = \sum_{n=0}^{\infty} 1/n!$ ist:

$$e = 1 + \frac{1}{1}\left(1 + \frac{1}{2}\left(1 + \frac{1}{3}\left(1 + \frac{1}{4}\left(1 + \frac{1}{5}(1 + \cdots)\right)\right)\right)\right).$$

Implementieren Sie nun einen entsprechenden Tröpfel-Algorithmus für π, indem Sie die folgende Formel zeigen und dann in ähnlicher Weise umsetzen:

$$\pi = 2 + \frac{1}{3}\left(2 + \frac{2}{5}\left(2 + \frac{3}{7}\left(2 + \cdots \left(2 + \frac{k}{2k+1}(2 + \cdots)\right)\right)\right)\right).$$

Der letzte Term kann durch $2 + 4k/(2k+1)$ mit $k = n\log_2 10$ approximiert werden, um n Ziffern von π „Tröpfchen für Tröpchen" zu erhalten.

Wenn Sie den Algorithmus laufen lassen wollen, ohne die Anzahl der Ziffern zuvor festzulegen, müssen Sie noch etwas mehr Sorgfalt aufwenden.

Wir können die mutmaßliche hexadezimale Iteration für π, mit der wir das Kapitel beendeten, als spektakulären, wenn auch unbewiesenen Tröpfel-Algorithmus für π zur Basis 16 ansehen. Wenn Sie heuristisch voraussetzen, dass die hexadezimalen Reste von π, also $\{16^n\,\pi\}$, sich wie unabhängige, gleichverteilte Zufallsgrößen in $[0, 1]$ verhalten, dann kann gezeigt werden, dass die Wahrscheinlichkeit, dass noch eine Abweichung auftritt, kleiner als 1 zu 10^8 ist.

3 Was *ist* diese Zahl?

Was ist die folgende Zahl:

3,1415926535897932385?

Die einzige *richtige*, einfache Antwort, die Sie geben können, ist, dass es sich um die Zahl 3,1415926535897932385 handelt. Aber sicherlich haben Sie die Frage so verstanden, dass wir mehr wissen wollten, etwas in der Art: „Können Sie einen geschlossenen Ausdruck angeben, der mit einer Genauigkeit von 20 Stellen gleich dieser Dezimalzahl ist?" Und bestimmt haben Sie die Antwort π gegeben.

Hier ist eine andere einfache Frage: Können Sie einen geschlossenen Ausdruck angeben, der auf 20 Stellen die folgende Dezimalzahl ergibt:

0,7182818284590452354?

Wenn Sie sich an die Schreibweise für den gebrochenen Anteil erinnern, die wir im letzten Kapitel einführten, dann können Sie die Antwort $\{e\}$ geben. Eine andere Möglichkeit wäre die Antwort $e - 2$.

Und noch etwas zum Ausprobieren. Können Sie einen geschlossenen Ausdruck angeben, der auf 20 Stellen das Folgende ergibt:

4,5007335678193158561?

Das ist jetzt nicht so einfach. Aus dem Zusammenhang heraus können Sie vielleicht mit ein bisschen Herumprobieren drauf kommen, aber wahrscheinlich können Sie mit Ihrer Zeit auch etwas Besseres anfangen. Die Antwort lautet

$$\pi + \frac{1}{2}\, e.$$

Es ist oft so in der Experimentellen Mathematik, dass Sie eine Rechnung durchführen und als Ergebnis eine Zahl erhalten, die mit einer Genauigkeit von etlichen Dezimalstellen gegeben ist. Und nun wollen Sie einen geschlossenen Ausdruck finden, der die Zahl mit dieser Genauigkeit reproduziert, oder Sie wollen zumindest wissen, ob solch ein Ausdruck existiert. Je mehr Dezimalstellen übereinstimmen, desto sicherer werden Sie sein, dass Ihre Zahl tatsächlich durch den geschlossenen Ausdruck gegeben ist. Oft ist solch ein berechtigter Glaube ein großer Ansporn bei der Entdeckung eines Beweises. Manchmal kommt man dann sogar dem Beweis durch weiteres Experimentieren auf die Spur.

Selbst für so einfache Beispiele wie dem dritten von eben ($\pi + \frac{1}{2} e$) ist blindes Herumsuchen offensichtlich keine gute Strategie. (Wir hätten ja auch gemein sein und als drittes Beispiel $\pi + 0{,}499999 e$ wählen können.) Aber für solch eine Aufgabe ist ein schneller Computer ideal geeignet.

Wollen Sie wissen, was

$$62643383279502884197$$

sein könnte? Mit einer Suchmaschine könnte ein Computer schnell eine Datenbank bekannter mathematischer Konstanten durchsuchen und Ihnen in kurzer Zeit mitteilen, dass es 20 Ziffern der Dezimalentwicklung von π sind, beginnend an der 20. Stelle.

Es gibt öffentlich verfügbare Webseiten, die solche Hilfsmittel kostenlos zur Verfügung stellen. Die beliebteste ist die On-Line Encyclopedia of Integer Sequences, die von Neil Sloane (und einer kleinen Armee hochqualifizierter Assistenten) bei AT&T Bell Laboratories entwickelt und gepflegt wird. Sie finden sie unter

http://www.research.att.com/~njas/sequences/index.html.

Wenn Sie dort die obige Folge von zwanzig Zahlen (durch Kommas getrennt) eintippen, wird die Enzyklopädie sofort mit dem Beginn der Dezimalentwicklung von π antworten und die eingegebene Folge darin markieren, und sie wird Ihnen eine Liste von Literaturhinweisen geben, in der Sie Informationen über π finden können.[1]

Die Enzyklopädie wird regelmäßig aktualisiert, und jeder, der eine Folge aus ganzen Zahlen[2] kennt, die noch nicht in der Datenbank enthalten ist, wird gebeten, sie einzusenden, damit sie geprüft und möglicherweise aufgenommen werden kann. Derzeit (Mai 2010) enthält die Datenbank 175.497 Folgen. Sie begann vor zwanzig Jahren als ein Buch, das 5000 Folgen enthielt. Als Computerprogramm ist sie natürlich sehr viel leistungsfähiger; zusätzlich zur schnellen Suche wird sie Ihnen zum Beispiel auch automatisch mitteilen,

---

[1] http://www.lbl.gov/wonder/bailey.html enthält noch sehr viel mehr Informationen über π, zum Beispiel auch einen Link auf die Seite http://pi.nersc.gov, auf der Sie nach Mustern in den ersten vier Milliarden Binärziffern von π suchen können – etwa nach Ihrer Telefonnummer oder sogar nach Ihrem Namen!

[2] Diese Einschränkung macht das ganze Unternehmen überhaupt erst möglich: Die Enzyklopädie enthält nur ganzzahlige Folgen.

ob das Doppelte Ihrer Folge vielleicht interessanter ist oder ob sie eine Teil-
folge einer bekannteren Folge ist. Derzeit wird die Internetseite auf ein Wiki-
Format umgestellt, von dem man sich noch mehr Flexibilität verspricht.

Wenn Nachschlagewerke für ganzzahlige Folgen und Dezimalbrüche
kombiniert werden mit Integerrelationsalgorithmen wie dem, den wir im
vorigen Kapitel beschrieben haben, erhält man eine extrem leistungsfähige
Ausrüstung für (experimentelle) mathematische Untersuchungen.

Eine kostenlose, frei verfügbare Ressource für solche Untersuchungen
ist der Inverse Symbolic Calculator (ISC), der Mitte der neunziger Jahre
am *Centre for Experimental and Constructive Mathematics* im Mathematik-
Department der Simon Fraser University in Kanada entwickelt und gepflegt
wurde, siehe

http://oldweb.cecm.sfu.ca/projects/ISC/ISCmain.html.

Inzwischen ist er, nach einem Zwischenstopp an der ebenfalls kanadischen
Dalhousie University, in einer überarbeiteten parallelisierten Variante ISC+
an der University of Newcastle in Australien zu finden:

http://carma-lx1.newcastle.edu.au:8087/

(Achtung: vor dem ‚x' ein kleines ‚l', danach eine ‚1'). Diese Webseite wird
Ihnen zum Beispiel mitteilen, dass 19,999099979 wahrscheinlich gleich
$e^\pi - \pi$ ist.

Ähnliche Möglichkeiten sind auch implementiert in den kommerziel-
len Computeralgebrasystemen Maple (der `identify`-Befehl) und, etwas
eingeschränkter, Mathematica (der Befehl `RootApproximant` [früher
`Recognize`], der allerdings nur algebraische Zahlen erkennt und daher an
einer Zahl wie 19,999099979 scheitert). Tatsächlich basiert der ISC+ darauf,
`identify` und ähnliche Werkzeuge geschickt auszunutzen.

Hier ist ein schönes Beispiel, wie man ein solches Nachschlagewerk ef-
fektiv nutzen kann. Im Jahre 1988 untersuchte ein Herr namens Joseph Roy
North aus Colorado Springs, USA, die Leibniz-Reihe für π:

$$\pi = 4 \sum_{k=1}^{\infty} \frac{(-1)^{k+1}}{2k-1} = 4\left(1 - \frac{1}{3} + \frac{1}{5} - \frac{1}{7} + \ldots\right).$$

Als er 5.000.000 Terme dieser Reihe addierte, fiel ihm auf, dass ein Wert herauskommt, der auf seltsame Weise vom tatsächlichen Wert von π abweicht.
Wenn wir den Wert der abgebrochenen Leibniz-Reihe und den tatsächlichen
Wert von π untereinander schreiben und die Unterschiede markieren, ergibt
sich:

3,14159245358979323846464338327950278419716939938730582097494182230781640...

3,14159265358979323846426433832795028841971693993751058209749459230781640...

2	-2	10	-122	2770

Wir haben hier die Unterschiede so markiert, wie es die beiden Brüder Borwein taten, nachdem North ihnen seine Beobachtung zur Kenntnis gebracht
und sie begonnen hatten, das Problem zu analysieren. Was geht hier vor
sich?

Wie man es von einer derartigen Reihe erwarten würde, wenn sie nach
5.000.000 Termen abgebrochen wird, unterscheidet sie sich von π in der
siebten Dezimalstelle – diese ist eine 4, wo eine 6 stehen sollte. Doch die
nächsten 13 Stellen sind korrekt! Nach einer weiteren falschen Ziffer sind
die nächsten zwölf Stellen dann wieder korrekt. Tatsächlich unterscheiden
sich unter den ersten 46 Ziffern der abgebrochenen Reihe nur vier von den
entsprechenden Dezimalziffern von π. Und nicht nur das: Die falschen Ziffern scheinen auch noch mit einer Periode von 14 aufzutreten. Dafür muss
es doch eine Erklärung geben!

Eine gute Möglichkeit, mit einer Untersuchung dieses Phänomens zu beginnen, besteht darin zu prüfen, ob etwas Ähnliches auch bei anderen Rei-
henentwicklungen auftritt, zum Beispiel beim Logarithmus

$$\log 2 = 1 - \frac{1}{2} + \frac{1}{3} - \frac{1}{4} + \dots.$$

Und wenn wir die Reihe entsprechend abbrechen, dann erhalten wir tatsächlich den folgenden Wert:

0,69314708055995530941723212125817656807551613436025525140068000949**4**18722…

0,693147180559945309417232121**2**14581765680755001343602552541206800094933**9**362…

| 1 | –1 | 2 | –16 | 272 | –7936 |

Wie zuvor erscheinen die falschen Ziffern mit einer Periode von 14. Im
ersten Fall betragen die Unterschiede zu den richtigen Werten $(2, -2, 10,$
$-122, 2770)$, während im zweiten Fall die Unterschiede $(1, -1, 2, -16, 272,$
$-7936)$ betragen. Beachten Sie, dass alle Zahlen im ersten Beispiel gerade
sind; wenn wir durch 2 teilen, erhalten wir $(1, -1, 5, -61, 1385)$.

Nun rufen wir Sloanes Enzyklopädie im Internet auf. Diese erkennt mü-
helos die erste Folge als die „Eulerschen Zahlen" und die zweite als die
„Tangentenkoeffizienten."[3] Die Eulerschen Zahlen und die Tangentenkoeffizienten sind über die Taylor-Reihen von $\sec x = 1/\cos x$ und $\tan x$ definiert:

$$\sec x = \sum_{k=0}^{\infty} \frac{(-1)^k E_{2k} x^{2k}}{(2k)!},$$

$$\tan x = \sum_{k=0}^{\infty} \frac{(-1)^{k+1} T_{2k+1} x^{2k+1}}{(2k+1)!}.$$

---

[3] Als die Brüder Borwein die Überlegungen, die wir hier präsentieren, anstellten, existierte die
Enzyklopädie nur als ein gebundenes Buch, und es waren zwar die Eulerschen Zahlen darin
enthalten, nicht jedoch deren doppelte Werte. Um solche Details kümmert sich die heutige
Online-Version automatisch.

Dies ist der entscheidende Hinweis zur Lösung des Rätsels. Denn es gelten die folgenden asymptotischen Entwicklungen:

$$\frac{\pi}{2} - 2\sum_{k=1}^{N/2} \frac{(-1)^{k+1}}{2k-1} \approx \sum_{m=0}^{\infty} \frac{E_{2m}}{N^{2m+1}},$$

$$\log 2 - \sum_{k=1}^{N/2} \frac{(-1)^{k+1}}{k} \approx \frac{1}{N} + \sum_{m=1}^{\infty} \frac{T_{2m-1}}{N^{2m}}.$$

Nun ist klar, woher die Anomalie stammt: Als North die Leibniz-Reihe zur Berechnung von π benutzte, hatte er zufällig die Reihe nach 5.000.000 Termen abgebrochen, also genau bei der Hälfte einer relativ großen Potenz von 10. Und wenn in der ersten der beiden obigen asymptotischen Entwicklungen $N = 10.000.000$ gesetzt wird, dann zeigt dies, dass die ersten etwa hundert Ziffern der abgebrochenen Reihe sich nur durch kleine Störungen von der korrekten Dezimalentwicklung von π unterscheiden. Ähnliche Phänomene treten bei anderen Konstanten auf.[4] Und damit ist das Rätsel gelöst.

Hier noch ein letztes Beispiel für die Nutzung eines derartigen Nachschlagewerkes. Angenommen, Sie stehen vor dem Problem, eine geschlossene Formel für eine Folge zu finden, die so beginnt:

$$1, \ -\frac{1}{3}, \frac{1}{25}, \ -\frac{1}{147}, \frac{1}{1089}, \ -\frac{3}{20449}, \frac{1}{48841}, \ -\frac{1}{312987},$$

$$\frac{25}{55190041}, \ -\frac{1}{14322675}, \frac{1}{100100025}, \ -\frac{49}{32065374675}, \ \cdots$$

Was sagten Sie da gerade? Sie können sich nicht vorstellen, warum Sie jemals so etwas tun sollten? Nun, im nächsten Kapitel werden wir erklären, was Sie gerade getan haben könnten, um zu diesem Problem zu gelangen – dieses Beispiel ist nicht etwas, was wir uns soeben ausgedacht haben, sondern es hat einen mathematischen Ursprung! Aber im Moment lassen Sie uns nur darüber nachdenken, wie Sie an die Lösung des Problems gehen könnten.

Ein guter erster Schritt ist zu versuchen, diese immer abschreckender wirkenden Nenner zu faktorisieren, und zu sehen, ob irgendeine Art von Regelmäßigkeit erkennbar wird. (Wenn man weiß, dass eine bestimmte Folge aus einem mathematisch sinnvollen Problem oder einer realen Anwendung kommt, wird man davon ausgehen, dass sie Muster enthält, die man nur finden muss. In dieser Annahme stecken natürlich reichlich philosophische, psychologische und soziologische Erwägungen.) Wenn Sie die Zähler und Nenner der ersten acht Terme faktorisieren (etwas, was zumindest für relativ kleine Zahlen leicht auf dem Computer mithilfe üblicher Routinen durchführbar ist), erhalten Sie das Folgende:

---

[4] Wenn wir die hexadezimale Schreibweise benutzen würden, dann müssten wir die Hälfte einer relativ großen Potenz von 16 einsetzen.

$$1, \frac{-1}{3}, \frac{1}{(5)^2}, \frac{-1}{(3)(7)^2}, \frac{1}{(3)^2(11)^2}, \frac{(-3)}{(11)^2(13)^2}, \frac{1}{(13)^2(17)^2},$$

$$\frac{-1}{(3)(17)^2(19)^2}, \frac{(5)^2}{(17)^2(19)^2(23)^2}.$$

Angesichts all dieser Quadrate könnte es ein naheliegender zweiter Schritt sein, die geraden und die ungeraden Folgenglieder getrennt zu betrachten (dies aufgrund der alternierenden Vorzeichen) und die Wurzel zu ziehen. Damit erhält man für die Wurzeln der geraden Folgenglieder

$$1, \frac{1}{(5)}, \frac{1}{(3)(11)}, \frac{1}{(13)(17)}, \frac{(5)}{(17)(19)(23)}, \frac{1}{(3)(5)(23)(29)},$$

$$\frac{1}{(3)(5)^2(29)(31)}, \frac{(3)}{(29)(31)(37)(41)}$$

und für die Wurzeln der ungeraden Folgenglieder, nachdem der Faktor -3 entfernt wurde,

$$1, \frac{1}{(7)}, \frac{(3)}{(11)(13)}, \frac{1}{(17)(19)}, \frac{1}{(5)(19)(23)}, \frac{(7)}{(5)(23)(29)(31)},$$

$$\frac{1}{(3)(29)(31)(37)}, \frac{(3)}{(31)(37)(41)(43)}.$$

Jetzt ist offensichtlich, dass in beiden Folgen eine Struktur modulo 6 steckt. Tatsächlich ist der größte Faktor von der Form $6n \mp 1$, mit Ausnahme der 35 bei den geraden Gliedern und der 25 bei den ungeraden Gliedern, die beides keine Primzahlen sind. Wäre dieses Schema nicht so deutlich, könnten wir noch mehr Fälle produzieren.

Nachdem wir dieses Schema der aufsteigenden Terme $6n \mp 1$ entdeckt haben, könnten wir als nächsten Schritt nun versuchen, die Brüche mithilfe von Fakultäten auszudrücken. Betrachten wir zunächst die geraden Glieder. Wenn wir die mit $(6n)!$ multiplizieren, erhalten wir schnell riesige Zahlen, so dass uns das nicht weiterführt. Aber wenn wir statt der Fakultäten die zentralen Binomialkoeffizienten $\binom{6n}{3n}$ nehmen, erhalten wir die Folge

$$1, 4, 28, 220, 1820, 15504, 134596, 1184040, \ldots$$

Wenn wir diese in Sloanes Encyclopedia of Integer Sequences eingeben, erhalten wir die einfache Antwort

$$\binom{4n}{n}.$$

Demnach scheinen die geraden Glieder der ursprünglichen Folge gleich

$$s_{2n} = \left(\binom{4n}{n} \Big/ \binom{6n}{3n} \right)^2$$

zu sein.

In ähnlicher Weise erhalten wir für die ungeraden Glieder

$$s_{2n+1} = -\frac{1}{3}\left(\binom{4n+1}{n}\bigg/\binom{6n+1}{3n}\right)^2.$$

Und da haben Sie's. Für unsere Schlussfolgerungen haben wir wesentlichen Gebrauch von moderner Computertechnologie gemacht, ohne dabei aber nur blind irgendwelche Tasten zu drücken.

Untersuchungen

1. *Erkennen Sie diese Zahlen?* Wir fordern Sie heraus, die folgenden acht Zahlen mittels der angegebenen etwa 20 Stellen zu identifizieren. Dies ist in allen Fällen möglich unter Verwendung des ISC, Sloanes Enzyklopädie, identify oder RootApproximant:

(a) 3,1462643699419723423,

(b) 2,9919718574637504583,

(c) 24,140692632779269007,

(d) 20,459157718361045475,

(e)* 8,409338623762925685,

(f) 1,3247179572447460260,

(g)* 1,1762808182599175065,

(h)* 0,69777465796400798203.

In die drei mit einem Stern markierten Zahlen werden Sie voraussichtlich etwas mehr Arbeit stecken müssen.

2. *Erkennen Sie diese Reihe?* Identifizieren Sie

$$\sum_{n=0}^{\infty} r(n)^7(1 + 14n + 76n^2 + 168n^3)\left(\frac{1}{8}\right)^{2n},$$

wobei

$$r(n) := \frac{\frac{1}{2}\cdot\frac{3}{2}\cdots\frac{(2n-1)}{2}}{n!} = \frac{\Gamma\left(n + \frac{1}{2}\right)}{\sqrt{\pi}\,\Gamma(n + 1)}$$

ist. Dabei bezeichnet

$$\Gamma(x) := \int_0^{\infty} t^{x-1}e^{-t}\,\mathrm{d}t$$

die Gammafunktion. Diese kann charakterisiert werden als die eindeutig bestimmte Funktion auf den positiven reellen Zahlen, die die Funktionalgleichung

$$x\Gamma(x) = \Gamma(x + 1), \quad \Gamma(1) = 1$$

erfüllt und deren Logarithmus konvex ist. Dies bedeutet insbesondere, dass $\Gamma(n + 1) = n!$ gilt und dass Γ die einzige „vernünftige" Funktion ist, die die Fakultät zwischen den ganzen Zahlen interpoliert.

Sie können den Wert der Reihe rasch mit Maple oder Mathematica berechnen, da die Reihe ziemlich schnell konvergiert.

Wayne at work

4 Die wichtigste Funktion in der Mathematik

Es ist wahrscheinlicher, dass er die Riemannsche Vermutung beweist als dass er jemals einen Sarong trägt.

The Guardian

Wir haben ja versprochen, Ihnen den Ursprung der seltsamen Folge von Brüchen zu erklären, die wir im letzten Kapitel untersucht haben. Diese Geschichte ist eine weitere interessante Episode aus dem Reich der Experimentellen Mathematik.

Zweifellos wird Ihre Einschätzung der mathematischen Bedeutung dieser Folge sprunghaft wachsen, wenn wir Ihnen mitteilen, dass sie aus einer Arbeit über die Riemannsche Zetafunktion stammt, von der man sagen kann, dass sie die wichtigste Funktion in der Mathematik ist.[1]

Lassen Sie uns zunächst einige grundlegende Tatsachen über die Zetafunktion in Erinnerung rufen. Im Jahre 1859 führte der deutsche Mathematiker Georg Friedrich Bernhard Riemann (1826–1866) in einer berühmt gewordenen Arbeit [Riemann 59] die Zetafunktion in die Zahlentheorie ein. Für positive ganze Zahlen $n > 1$ kann diese Funktion durch

$$\zeta(n) = \sum_{k=1}^{\infty} \frac{1}{k^n}$$

definiert werden. Mittels eines Vorgehens, das man analytische Fortsetzung nennt, kann die Funktion dann auf fast der gesamten komplexen Zahlenebene definiert werden. In seiner Arbeit vermutete Riemann, dass diejenigen

---

Zum Zitat: Schlagzeile im Sportteil der britischen Zeitung *The Guardian* vom 24.06.2004, die sich auf den britischen Fußballstar Wayne Rooney bezog. Der Artikel verglich den bodenständigen Rooney, den führenden Fußballspieler Englands, mit seinem glamourösen Vorgänger David Beckham, der nicht nur Tore schoss, sondern auch noch einen Nebenjob als Mode-Model hatte. Das ist mit ziemlicher Sicherheit das erste Mal, dass die Riemannsche Vermutung in einer Schlagzeile im Sportteil vorkam.

[1] O.K. – wir geben zu, dass derartige Aussagen uns zwar alle Aufmerksamkeit garantieren, aber dennoch absurd sind. Jedoch ist unbestritten, dass die Zetafunktion in vielen Bereichen der Mathematik extrem wichtig ist.

Nullstellen von $\zeta(s)$, die im Bereich der komplexen Zahlen $s = \sigma + i\gamma$ mit $0 \le \sigma \le 1$ liegen, einen Realteil von $\sigma = 1/2$ haben. Das ist die berühmte *Riemannsche Vermutung*, deren Beweis sich in den letzten 150 Jahren auch den besten Mathematikern entzogen hat (so wie anscheinend erst kürzlich auch Wayne Rooney).

Riemanns Arbeit von 1859 enthält keine Hinweise darauf, wie er auf diese Vermutung gekommen ist. Viele Jahre lang glaubten die Mathematiker, dass sie auf einer tiefgründigen Eingebung beruhen musste. Das führte dazu, dass die Riemannsche Vermutung lange als leuchtendes Beispiel für die Höhen herhalten musste, die man allein durch den reinen Intellekt erreichen kann. Doch im Jahr 1929, lange nach Riemanns Tod, erfuhr der renommierte Zahlentheoretiker Carl Ludwig Siegel (1896–1981), dass Riemanns Witwe dessen Nachlass der Göttinger Universitätsbibliothek vermacht hatte. In diesen Unterlagen fand Siegel mehrere dicht beschriebene Seiten mit numerischen Berechnungen, in denen Riemann einige der ersten Nullstellen der Zetafunktion mit mehreren Stellen Genauigkeit ermittelt hatte. Man kann sich nur vorstellen, wie viele hundert Nullstellen der große deutsche Mathematiker berechnet hätte, wenn zu seiner Zeit schon Computer zur Verfügung gestanden hätten. Doch wie die Dinge lagen, war es bemerkenswert, dass er seine Vermutung schon aufgrund relativ geringer numerischer Anhaltspunkte formulieren konnte, und es scheint klar zu sein, dass seine Methode zur Experimentellen Mathematik gehörte!

Hier interessieren wir uns nun für die Werte der Zetafunktion auf den natürlichen Zahlen $s > 1$. Dann ist eine der grundlegendsten Fragen offensichtlich: Was sind diese Werte? Die Antwort hängt davon ab, ob das Argument gerade oder ungerade ist, wobei die geraden Argumente wesentlich einfacher zu behandeln sind als die ungeraden.

Für jede natürliche Zahl n gilt

$$\zeta(2n) = C_n \pi^{2n},$$

wobei C_n eine rationale Zahl ist. Die ersten paar Werte der Konstanten C_n sind $C_1 = 1/6, C_2 = 1/90, C_3 = 1/945, C_4 = 1/9450, C_5 = 1/93555$.

Im Jahre 1739 fand Leonhard Euler (1707–1783) einen allgemeinen Ausdruck für die Konstanten C_n, nämlich

$$\zeta(2n) = \frac{2^{2n-1} |B_{2n}| \pi^{2n}}{(2n)!},$$

wobei B_n die sogenannten Bernoulli-Zahlen bezeichnet. (Diese können über die Identität

$$\frac{x}{e^x - 1} = \sum_{n=0}^{\infty} \frac{B_n x^n}{n!}$$

definiert werden. Die ersten paar Werte sind $B_0 = 1, B_1 = -1/2, B_2 = 1/6,$ $B_4 = -1/30, B_6 = 1/42, B_8 = -1/30, B_{10} = 5/66, B_{12} = -691/2730,$ $B_{14} = 7/6, B_{16} = -3617/510$, und es gilt $B_{2n+1} = 0$ für alle $n > 0$.)

Riemann at work

Wenn man Eulers Ergebnis kombiniert mit Carl Louis Ferdinand von Lindemanns (1852–1939) Beweis aus dem Jahre 1882, dass π transzendent ist, zeigt dies direkt, dass auch $\zeta(2n)$ für alle natürlichen Zahlen n transzendent ist.

Wie wir bereits erwähnten, sind die Eigenschaften von $\zeta(2n + 1)$ wesentlich schwieriger zu ermitteln. Die ersten paar Werte lassen sich zu

$$\zeta(3) = 1{,}2020569032\ldots,$$
$$\zeta(5) = 1{,}0369277551\ldots,$$
$$\zeta(7) = 1{,}0083492774\ldots,$$
$$\zeta(9) = 1{,}0020083928\ldots$$

berechnen, doch welche der Werte von $\zeta(2n + 1)$ sind rational, welche irrational?

Im Jahre 1979 gelang es dem französischen Mathematiker Roger Apéry (1916–1994) zu zeigen, dass $\zeta(3)$ irrational ist. Einer der bemerkenswertesten Aspekte dieser Meisterleistung war, dass dies das bei Weitem größte Resultat seiner Karriere war, obwohl er zu dem Zeitpunkt schon über sechzig Jahre alt war. (Als Konsequenz dieser wichtigen Entdeckung wird $\zeta(3)$ manchmal auch als *Apérys Zahl* bezeichnet.) Für die anderen ungeraden Argumente ist kein entsprechendes Resultat bekannt.[2]

---

[2] Zwar ist man überzeugt davon, dass alle ungeraden Zetawerte irrational sind (zum Teil auch aufgrund von Berechnungen mit PSLQ), doch *beweisen* konnte man bisher nur, dass wenigstens einer der nächsten vier dieser Werte irrational ist und dass es unter den ungeraden Zetawerten unendlich viele irrationale gibt.

In seinem Beweis benutzte Apéry eine Reihenentwicklung von $\zeta(3)$, die sich in die folgenden sehr schnell konvergenten Entwicklungen einreiht:

$$\zeta(2) = 3 \sum_{k=1}^{\infty} \frac{1}{k^2 \binom{2k}{k}},$$

$$\zeta(3) = \frac{5}{2} \sum_{k=1}^{\infty} \frac{(-1)^{k+1}}{k^3 \binom{2k}{k}},$$

$$\zeta(4) = \frac{36}{17} \sum_{k=1}^{\infty} \frac{1}{k^4 \binom{2k}{k}}.$$

Die erste dieser Formeln war im neunzehnten Jahrhundert bekannt, die zweite (die manchmal auch Apéry-Reihe genannt wird) war schon von Markow im Jahre 1890 bewiesen worden und wurde im Laufe des zwanzigsten Jahrhunderts mehrmals neu entdeckt, und die dritte wurde in den 1970er Jahren gefunden.

Diese drei Formeln verleiteten viele zu der Vermutung, dass die Konstante

$$Q_5 = \zeta(5) \left/ \sum_{k=1}^{\infty} \frac{(-1)^{k+1}}{k^5 \binom{2k}{k}} \right.$$

rational oder zumindest algebraisch sein muss. Doch Rechnungen mit PSLQ mit 10.000 Stellen Genauigkeit haben gezeigt: Wenn Q_5 die Nullstelle eines ganzzahligen Polynoms mit einem Grad bis zu 25 ist, dann muss die Euklidische Norm des Koeffizientenvektors größer als $1,24 \times 10^{383}$ sein. Dies deutet darauf hin, dass Q_5 wohl doch transzendent ist (und ebenso $\zeta(5)$).

Da die PSLQ-Läufe ein negatives Ergebnis hatten, wurde in den späten 1990er Jahren eine systematische Suche nach einem ähnlichen Ausdruck für $\zeta(5)$ durchgeführt, der aber mehr Terme haben kann. Diese Suche führte schließlich zu der Identität

$$\zeta(5) = 2 \sum_{k=1}^{\infty} \frac{(-1)^{k+1}}{k^5 \binom{2k}{k}} - \frac{5}{2} \sum_{k=1}^{\infty} \frac{(-1)^{k+1}}{k^3 \binom{2k}{k}} \sum_{j=1}^{k-1} \frac{1}{j^2}$$

sowie zu ähnlichen Ausdrücken für $\zeta(7)$, $\zeta(9)$ und $\zeta(11)$.[3] Insbesondere wurde auch eine Folge besonders beeindruckender Formeln für $\zeta(4n+3)$ gefunden. (Diese wird im letzten Beispiel von Kapitel 6 beschrieben.)

Um nun auf die Werte von $\zeta(n)$ für gerade Argumente zurückzukommen, werden in dem Buch *Experimental Mathematics in Action* [Bailey et al. 07] in Kapitel 3.6 einige Einzelheiten des experimentellen Vorgehens, mit dem eine erzeugende Funktion für die geraden Zetawerte gefunden wurde, beschrieben.

---

[3] Die Formel für $\zeta(5)$ war zuvor schon Max Koecher bekannt [Koecher 80].

Eine (*gewöhnliche*) *erzeugende Funktion* für eine Folge (a_n) ist eine formale Potenzreihe $\sum_{n=0}^{\infty} a_n x^n$. In nicht zu komplizierten Fällen kann die Reihe in geschlossener Form ausgewertet werden, woraus dann wieder eine Menge an Information über die Folge abgeleitet werden kann. Die erzeugende Funktion für die gemittelte harmonische Reihe

$$\sum_{n=1}^{\infty} \left(\sum_{k=1}^{n-1} \frac{1}{k} \right) \frac{x^n}{n}$$

kann zum Beispiel ausgewertet werden zu

$$\frac{1}{2} \log(1-x)^2 = \frac{1}{2}x^2 + \frac{1}{2}x^3 + \frac{11}{24}x^4 + O\left(x^5\right).$$

Für die geraden Zetawerte war das Hauptergebnis der Suche nun die Identität

$$\sum_{k=1}^{\infty} \frac{1}{k^2 - x^2} = 3 \sum_{k=1}^{\infty} \frac{1}{k^2 \binom{2k}{k} \left(1 - x^2/k^2\right)} \prod_{m=1}^{k-1} \left(\frac{1 - 4x^2/m^2}{1 - x^2/m^2} \right). \tag{4.1}$$

Die linke Seite dieser Identität ist gleich

$$\sum_{n=0}^{\infty} \zeta(2n+2)x^{2n} = \frac{1 - \pi x \cot(\pi x)}{2x^2},$$

so dass (4.1) eine Formel vom Apéry-Typ für $\zeta(2n)$ für jedes natürliche n erzeugt. Die ersten zwei Fälle sind

$$\zeta(2) = 3 \sum_{k=1}^{\infty} \frac{1}{\binom{2k}{k} k^2},$$

$$\zeta(4) = 3 \sum_{k=1}^{\infty} \frac{1}{\binom{2k}{k} k^4} - 9 \sum_{k=1}^{\infty} \frac{\sum_{j=1}^{k-1} j^{-2}}{\binom{2k}{k} k^2}.$$

Auch stellte sich heraus, dass Formel (4.1) äquivalent ist zu der hypergeometrischen Identität

$$_3F_2 \left(\begin{array}{c} 3k, -k, k+1 \\ 2k+1, k+\frac{1}{2} \end{array} \middle| \frac{1}{4} \right) = \frac{\binom{2k}{k}}{\binom{3k}{k}}. \tag{4.2}$$

Gauß war der erste, der hypergeometrische Funktionen untersuchte. Sie ermöglichen einen wunderbar systematischen Zugang zur Beschreibung vieler der speziellen Funktionen der mathematischen Physik und der klassischen Mathematik, entweder direkt oder nach einem Grenzübergang. Zum Beispiel ist e^x ein (degenerierter) Spezialfall einer hypergeometrischen Funktion, so wie sicherlich auch Ihre Lieblingspotenzreihe.

Die Definition unserer Funktion $_3F_2$ ist

$$_3F_2\left(\begin{matrix} a,b,c \\ d,e \end{matrix}\middle| z\right) = \sum_{n=0}^{\infty} \frac{(a;n)(b;n)(c;n)}{(d;n)(e;n)} \frac{z^n}{n!}, \tag{4.3}$$

wobei $(x;n) = P(x,n) = x(x+1)\ldots(x+n-1)$ die sogenannte wachsende Fakultät oder das Pochhammer-Symbol bezeichnet; so ist $P(1,n) = n!$. Das $_2F_1$, auf das wir in der BBP-Formel in Kapitel 2 gestoßen sind, ist der Spezialfall mit $c = e$, was gekürzt werden kann.

Die Gleichwertigkeit von (4.1) und (4.2) wurde zunächst auf dem Computer mithilfe eines Algorithmus von Wilf und Zeilberger gezeigt, anschließend dann aber auch allein durch den menschlichen Intellekt bewiesen.

Zu Beginn des Jahres 2007 fiel Neil Calkin auf, dass dieselbe hypergeometrische Funktion auch dann eine Struktur aufzuweisen scheint, wenn man sie an der Stelle 1 auswertet. Es ist ungewöhnlich, dass eine derartige Funktion sowohl bei $1/4$ als auch bei 1 geschlossen auswertbar ist. Die Werte, die Calkin fand, waren – halten Sie sich fest:

$$1, \ -\frac{1}{3}, \frac{1}{25}, \ -\frac{1}{147}, \frac{1}{1089}, \ -\frac{3}{20449}, \frac{1}{48841},$$
$$-\frac{1}{312987}, \frac{25}{55190041}, \ -\frac{1}{14322675}, \frac{1}{100100025},$$
$$-\frac{49}{32065374675}, \ \ldots$$

Also wissen Sie jetzt, woher die Folge aus dem vorigen Kapitel gekommen ist. Tatsächlich ist bekannt (und bewiesen, siehe [Borwein und Bailey 08]), dass für jede natürliche Zahl k gilt:

$$\sqrt{_3F_2\left(\begin{matrix} 6k, -2k, 2k+1 \\ 4k+1, 2k+\frac{1}{2} \end{matrix}\middle| 1\right)} = \frac{\binom{4k}{k}}{\binom{6k}{3k}}$$

und dass es eine ähnliche Formel auch für ungerade $n = 2k - 1$ gibt.

Untersuchungen

1. *Geschlossene Darstellungen für $\zeta(2n)$, $\beta(2n+1)$.* Euler fand die Werte der Riemannschen Zetafunktion auf den geraden Zahlen mittels einer heuristischen Meisterleistung, indem er seine Entdeckung der Produktformel für die sinc-Funktion,

$$\frac{\sin(\pi x)}{\pi x} = \prod_{n=1}^{\infty}\left(1 - \frac{x^2}{n^2}\right),$$

benutzte. Er argumentierte, dass dieses Produkt wie ein „großes Polynom" aussehen und durch seine Nullstellen (die genau bei den ganzen Zahlen auftreten) sowie seinen Wert bei der 0 eindeutig festgelegt sein sollte.[4] Dies setzte er dann mit der Maclaurinschen Reihe gleich und erhielt die Werte

$$\zeta(2) = \frac{\pi^2}{6}, \quad \zeta(4) = \frac{\pi^4}{90}, \quad \zeta(6) = \frac{\pi^6}{945}, \quad \zeta(8) = \frac{\pi^8}{9450}, \ldots$$

Allgemein folgt, dass der Wert von $\zeta(2n)$ ein rationales Vielfaches von π^{2n} ist.

(a) Versuchen Sie, daraus die oben angegebene geschlossene Darstellung abzuleiten.

(b) Versuchen Sie, in entsprechender Weise die Werte der Dirichletschen Betafunktion

$$\beta(n) := \sum_{k=0}^{\infty} \frac{(-1)^k}{(2k+1)^n}$$

an den ungeraden Zahlen zu berechnen, indem Sie ein geeignetes Produkt für $\cos(\pi x/2)$ benutzen. Klar ist $\beta(1) = \pi/4$ und $\beta(2) = G$ (was keine bekannte geschlossene Form hat), und weiter ergibt sich $\beta(3) = \pi^3/32$ und $\beta(5) = 5\pi^5/1536$.

2. *Multidimensionale Zetafunktionen.* Euler war auch der Erste, der ernsthaft mehrdimensionale Analoga der Zetafunktion anpackte. Ein schönes grundlegendes Resultat ist

$$\zeta(2,1) := \sum_{n=1}^{\infty} \frac{1 + 1/2 + \ldots + 1/n}{(n+1)^2} = \zeta(3).$$

Für diese Identität gibt es viele Beweise, einige davon mehr, andere weniger elementar. Wir fordern Sie heraus, mindestens einen davon zu finden, nachdem Sie sich numerisch vergewissert haben, dass Sie diese Behauptung wirklich glauben.

3. *Die Riemannsche Vermutung.* Die Riemannsche Vermutung (RV) ist immer noch offen. Es gibt bedeutende Mathematiker, die nicht glauben, dass sie wahr ist, und es gibt andere, die glauben, dass sie innerhalb der nächsten Jahre bewiesen sein wird. J. E. Littlewood (1885–1977) bewies einmal einen Satz mit der Fallunterscheidung: RV gilt und RV gilt nicht. (Diese Strategie wird einen Intuitionisten nicht befriedigen.) Obgleich

---

[4] Dies ist der heuristische Teil, da nicht jede analytische Funktion solch eine einfache Produktentwicklung erlaubt. Große Mathematiker haben diese Angewohnheit genialer Gedankensprünge, die sich dann als korrekt herausstellen.

viele aufwändige Berechnungen durchgeführt worden sind, die alle bestätigen, dass die nichttrivialen Nullstellen auf der kritischen Geraden
($\operatorname{Re}(z) = \frac{1}{2}$) liegen, herrscht ein allgemeiner Konsens, dass die bisheri-
gen Anhaltspunkte für verlässliche Aussagen nicht ausreichen. Dies unter-
streicht einmal mehr eines der Rätsel der Experimentellen Mathematik:
Was in der einen Situation eine überwältigende Menge an Belegen für
eine Aussage sein kann, kann sich in einer anderen Situation als relativ
„unterwältigend" erweisen. Nur gut gepflegte Intuition, die auf sorgfälti-
gen heuristischen Argumenten und umfangreichem Wissen beruht, kann
zwischen diesen beiden Fällen unterscheiden. Erschwerend kommt noch
hinzu, dass die Riemannsche Vermutung viele äquivalente Umformulie-
rungen hat, von denen einige verlockend einfach und andere unmöglich
schwierig aussehen [Borwein P. et al. 07].

(a) Berechnen Sie das erste halbe Dutzend Nullstellen von $t \mapsto$
$\left| \zeta\left(\frac{1}{2} + it\right) \right|$ für $t > 0$ und plotten Sie dann die Funktion auf dem
Intervall $[0, 40]$.

(b) Plotten Sie $(x, y) \mapsto |\zeta(x + iy)|$ für $0 < x < 1$ und $1 < y < 40$.
Untersuchen Sie, wie sich die Funktion auf den Parallelen zur x-Achse
verhält.

Monsieur, où est l'intégrale dans votre théorie?

Sire, je n'ai pas besoin de cette hypothèse!

5 Werten Sie das folgende Integral aus!

Die Natur lacht nur über die Schwierigkeiten des Integrierens.

Pierre-Simon Laplace (1749–1827)

Jeder, der auf dem Gymnasium oder der Hochschule eine Einführung in die Differenzial- und Integralrechnung gehört hat, ist dieser Anweisung begegnet: „Werten Sie das folgende Integral aus!" Die einen werden von diesen Worten mit Furcht erfüllt, andere verspüren einen Schauder der freudigen Erwartung. Der Grund ist in beiden Gruppen derselbe: Integration ist schwer. Sie ist eine inverse Operation und erfordert deshalb gute Fähigkeiten in Mustererkennung und eine Menge an Erfahrung. Studenten, die eine schwierige intellektuelle Herausforderung lieben, empfinden Integration normalerweise als extrem befriedigend, besonders dann, wenn ein scheinbar unmögliches Integral am Ende eine elegante Lösung hat.

Doch es gibt Integrale, bei denen selbst die brillantesten mathematischen Geister nicht weiterkommen, und dann kann es von Vorteil sein, sich den Computer zu Hilfe zu holen.

Heutzutage können die symbolischen Routinen von Mathematica oder Maple mit so ziemlich jedem bestimmten Integral umgehen, wenn es eine hinreichend einfache Lösung hat. Außerdem gibt es ein Entscheidungsverfahren für unbestimmte Integrale, das als Risch-Algorithmus bezeichnet wird und bis zu einem gewissen Grad in beiden Paketen implementiert ist. (Allerdings liefert es oft eine Antwort, die für einen Menschen nicht besonders befriedigend ist, wie unser erstes Beispiel zeigen wird.)

Wenn ein bestimmtes Integral aus der wirklichen Welt stammt, gibt es oft keinen geschlossenen Ausdruck für das zu Grunde liegende unbestimmte Integral. Dann müssen numerische Methoden angewendet werden – und das ist wieder etwas, das Mathematica und insbesondere Maple ziemlich gut können.

Und doch hat diese Technologie die Integration nicht auf reines Knöpfchendrücken reduziert. Auch wenn viele Integrale, die von Hand unmöglich zu lösen wären, tatsächlich mit dem Betätigen einiger Tasten abgehandelt werden können, gibt es viele andere Fälle, in denen die Aufgabe nur durch eine wirkliche Zusammenarbeit zwischen Mensch und Maschine erledigt werden kann. Solche Fälle erfordern dieselben intellektuellen Fähigkeiten wie die Integration von Hand, und auch den Erfolg belohnen sie auf die gleiche Weise. Von dieser Art sind auch die Beispiele, die wir hier betrachten wollen.

In den Ingenieurwissenschaften oder in der Physik werden bestimmte Integrale gewöhnlich numerisch ausgewertet. Schließlich ist es oft nur dieser Wert, den der Ingenieur oder Physiker benötigt. In der Experimentellen Mathematik dagegen werten wir manchmal ein Integral numerisch aus *mit dem Ziel, eine geschlossene Lösung zu finden.*

Zum Beispiel können wir mit Mathematica oder Maple das folgende Integral auf hundert Stellen Genauigkeit auswerten:

$$\int_0^1 \frac{t^2 \log t}{(t^2 - 1)(t^4 + 1)}\, dt =$$

0,18067126259065494279230812898167161533711457101829676
62662407942937585662241330017708982541504837997707740...

Beide Systeme können auch das Integral analytisch auswerten und einen geschlossenen Ausdruck für den Wert finden, doch in beiden Fällen ist die Antwort ziemlich kompliziert.[1] Alternativ kann man deshalb auch den ISC (siehe Kapitel 3) einsetzen, um den numerischen Wert zu identifizieren. Dieser liefert das elegante Resultat:

$$\int_0^1 \frac{t^2 \log t}{(t^2 - 1)(t^4 + 1)}\, dt = \frac{\pi^2 \left(2 - \sqrt{2}\right)}{32}.$$

Mit einem ähnlichen Ansatz können auch die folgenden beiden Integrale ausgewertet werden:

$$\int_0^\pi \frac{x \sin x}{1 + \cos^2 x}\, dx =$$

2,46740110027233965470862274996903778382842485181019766
60333734405501120560480131075044335092963805795600 6...

$$= \frac{\pi^2}{4},$$

---

[1] Wobei die Definition von „kompliziert" sich im Laufe der Zeit verändert. Es gibt Integrale, die Mathematica 4.0 nicht auswerten konnte, die aber von Version 6.0 fast augenblicklich geliefert werden. Glücklicherweise (oder leider) steigen unsere Erwartungen sogar noch schneller. Der Volkswirtschaftler Thomas Malthus (1766–1834) mag vielleicht falschgelegen haben, was das Übertreffen der Nahrungsmittelproduktion durch das exponentielle Bevölkerungswachstum angeht, aber er hatte Recht damit, dass die Erwartungen schneller steigen als die Möglichkeiten – sogar mit dem Mooreschen Gesetz.

$$\int_0^{\pi/4} \frac{t^2}{\sin^2 t}\, dt =$$

0,8435118416850346340026200519995281516516890864214442936971125969069065873556692399383993279155963713480239976...

$$= -\frac{\pi^2}{16} + \frac{\pi \log 2}{4} + G,$$

wobei G wieder die Catalansche Konstante bezeichnet,

$$G = \sum_{n=0}^{\infty} \frac{(-1)^n}{(2n+1)^2},$$

der wir schon in Kapitel 2 begegnet sind.

Wenn man diese Auswertungen einmal gesehen hat, ist es eine relativ unkomplizierte Aufgabe, die Integrale auch analytisch zu berechnen, etwa mithilfe des Residuensatzes oder mit Fourier-Methoden.[2]

Übrigens glauben die meisten, dass die Catalansche Konstante irrational ist, doch ist das noch nicht bewiesen. Mit einem Integerrelationsalgorithmus und einer hochgenauen numerischen Auswertung dieser Konstanten (die leicht durch Eingeben von `N[Catalan,100]` in Mathematica oder `evalf[100](Catalan)` in Maple zu erhalten ist) können Sie feststellen, dass sie nicht die Nullstelle eines ganzzahligen Polynoms mit vernünftigem Grad und vernünftigen Koeffizienten ist.

Dieselbe Methodik der numerischen Integration, gefolgt von einem Aufruf des ISC, lieferte auch die folgenden Resultate, die anschließend analytisch bestätigt wurden. Sei

$$C(a) := \int_0^1 \frac{\arctan\left(\sqrt{x^2 + a^2}\right)}{\sqrt{x^2 + a^2}\,(x^2 + 1)}\, dx.$$

Dann ist

$$C(0) = \frac{\pi \log 2}{8} + \frac{G}{2},$$

$$C(1) = \frac{\pi}{4} - \frac{\pi\sqrt{2}}{2} + \frac{3\sqrt{2}\arctan\left(\sqrt{2}\right)}{2},$$

$$C\left(\sqrt{2}\right) = \frac{5\pi^2}{96},$$

wobei G wieder die Catalansche Konstante bezeichnet.

---

[2] Mathematica 7.0 schafft nun zwei von diesen drei Integralen direkt, aber frühere Versionen waren weniger erfolgreich. Bücher wie dieses spornen unweigerlich Fortschritte in den Computeralgebrasystemen an, die die Behauptungen der Autoren wiederum ad absurdum führen.

Gerade Physiker stehen oft vor besonders schwierigen Integralen. Zum Beispiel arbeitete Borwein mit dem britischen Physiker David Broadhurst zusammen, um das folgende besonders bösartig aussehende, aus der Quantenphysik stammende Ungeheuer in Angriff zu nehmen:

$$I = \frac{24}{7\sqrt{7}} \int_{\pi/3}^{\pi/2} \log \left| \frac{\tan t + \sqrt{7}}{\tan t - \sqrt{7}} \right| \, dt.$$

Mit der Unterstützung von David Bailey waren Borwein und Broadhurst in der Lage festzustellen, dass bei einer Rechengenauigkeit von 20.000 Stellen das Integral auf 19.995 Stellen mit der Summe

$$I = \sum_{n=0}^{\infty} \left[\frac{1}{(7n+1)^2} + \frac{1}{(7n+2)^2} - \frac{1}{(7n+3)^2} \right. \\ \left. + \frac{1}{(7n+4)^2} - \frac{1}{(7n+5)^2} - \frac{1}{(7n+6)^2} \right]$$

übereinstimmt.[3]

Sie wussten damals nicht, dass diese Identität schon analytisch durch Don Zagier bewiesen worden war. Sie wussten aber, dass sie sicherlich richtig sein musste, so wie auch verschiedene kompliziertere Varianten. Die Reihe ähnelt einer Zetafunktion, ausgewertet an der Stelle 2. Diese Rechnung wurde auf sämtlichen 1024 Prozessoren des Virginia Tech Apple G5 Terascale Computing Facility innerhalb von 46,15 Minuten durchgeführt.

Wenn man genügend Rechenleistung zur Verfügung hat, zum Beispiel so etwas wie die gerade erwähnte Einrichtung an der Virginia Tech, kann man mit ähnlichen Ansätzen auch doppelte oder dreifache Integrale auswerten. Doch bevor man die Kanonen moderner paralleler Supercomputer auffährt, zahlt es sich manchmal aus zu prüfen, was eines der „drei Ms" (Maple, Mathematica oder Matlab) auf einem normalen Desktop-PC zustande bringt.

Sehen wir uns zum Beispiel an, wie Borwein, Bailey und Crandall die folgende Auswertung eines „Kastenintegrals" (auf Englisch *box integral*, weil der Integrationsbereich ein *n*-dimensionaler Würfel ist) entdeckten:

$$C = \int_{-1}^{1} \int_{-1}^{1} \frac{dx \, dy}{\sqrt{1 + x^2 + y^2}} = 4 \log \left(2 + \sqrt{3} \right) - \frac{2\pi}{3}.$$

Die Forscher begannen mit der Feststellung, dass aufgrund der Symmetrie des Integranden das Integral

$$C = 4 \int_{0}^{1} \int_{0}^{1} \frac{dx \, dy}{\sqrt{1 + x^2 + y^2}}$$

---

[3] Beachten Sie, dass $\log_{10}(20000) = 4,30\ldots$ ist und dass man in derartigen Fällen einen logarithmischen Rundungsfehler erwarten sollte. Grundsätzlich ist aber alles, was unterhalb eines Verlustes von 20 Stellen liegt, mehr als nur ein bisschen eindrucksvoll; und bisher hatten wir Ihnen verschwiegen, dass die tatsächliche Rechengenauigkeit bei 20.014 Stellen lag.

schneller zu berechnen ist. (Substitution von Polarkoordinaten war eine andere Möglichkeit, hätte aber zu einem ziemlich hässlichen Integrationsbereich geführt und wurde deshalb zunächst nicht weiter verfolgt.)

Dann kam die Erfahrung ins Spiel. Bei ähnlichen Integralen, die von diesem Team ausgewertet worden waren, hatten homogene Kombinationen von

$$a = \log\left(1 + \sqrt{3}\right), \quad b = \log 2, \quad c = \pi$$

eine Rolle gespielt. (Zum Beispiel sind sämtliche homogene Kombinationen der Ordnung 2 gegeben durch a^2, b^2, c^2, ab, bc, ca.)

Schon die Suche nach einer Integerrelation zwischen C und a, b, c, also den Termen erster Ordnung, lieferte den Vektor $[3, 24, -12, -2]$, was sich in die Relation

$$C = 8\log\left(1 + \sqrt{3}\right) - 4\log 2 - \frac{2\pi}{3}$$

übersetzen lässt.

Diese Suche wurde mit etwa zwölf Nachkommastellen durchgeführt, und die Relation wurde schnell mit 20 Stellen bestätigt. Sie kann zu der oben gegebenen Form vereinfacht werden. (Da $(1 + \sqrt{3})/2$ eine Einheit in $Q(\sqrt{3})$ ist, hätte das Team auch direkt mit dessen Logarithmus anstelle der obigen zwei Logarithmen arbeiten können. Wenn die Terme erster Ordnung keine Antwort gegeben hätten, hätte man C zu mehr Stellen (um die 35) berechnen und die oben angegebene Basis zweiter Ordnung versuchen können, oder auch die kleinere Basis, die nur von π^2 und $\log(2 + \sqrt{3})$ gebildet wird. Es war nicht nötig – aber so hätte ein weiterer Weg aussehen können. Spätere Versionen von Maple finden für dieses Integral inzwischen auch geschlossene Ausdrücke.)

Eine weitere befriedigende Episode in der experimentellen Auswertung von (doppelten) Integralen begann erst vor Kurzem, nämlich als die Ausgabe von Februar 2007 des *American Mathematical Monthly* erschien. Eine der Aufgaben in dem regelmäßig darin enthaltenen Abschnitt mit offenen oder interessanten Problemen bestand darin, das iterierte Integral

$$C = \int_0^\infty \int_y^\infty \frac{(x-y)^2 \log\left((x+y)/(x-y)\right)}{xy \sinh(x+y)} \, dx \, dy$$

auszuwerten. Als sie ihre Ausgaben des *Monthly* aus dem Briefkasten geholt und geöffnet hatten, erkannten Borwein und Bailey sofort, dass diese Aufgabe experimentellen Methoden zugänglich war, und unabhängig voneinander begannen sie gleich daran zu arbeiten.

Baileys Ansatz war, $u = x - y$ zu substituieren, damit beide Integrale konstante Grenzen hatten, und das entstehende doppelte Integral numerisch auszuwerten. Damit erhielt er den Wert

$C = 1{,}153265989080473017860275293105993885451124400922244$
$35425100\ldots$

Als er den ISC damit fütterte, konnte der allerdings den Wert nicht erkennen.

Gleichzeitig begann Borwein, mithilfe von Maple das Integral umzuformen. Er benutzte zunächst die einfache Substitution $x = ty$, um das Integral in

$$C = \int_0^\infty \int_1^\infty \frac{y(t-1)^2 \log\left((t+1)/(t-1)\right)}{t \sinh(ty+y)} \, dt \, dy$$

umzuwandeln. Dann vertauschte er die Integrationsreihenfolge und erhielt das eindimensionale Integral

$$C = \frac{\pi^2}{4} \int_1^\infty \frac{(t-1)^2 \left(\log(t+1) - \log(t-1)\right)}{t(t+1)^2} \, dt.$$

Mit der Substitution $t = 1/s$ wurde daraus

$$C = \frac{\pi^2}{4} \int_0^1 \frac{(s-1)^2 \left(\log(1+s) - \log(1-s)\right)}{s(1+s)^2} \, ds.$$

Jetzt brummte das Geschäft! Maple konnte beide Versionen des eindimensionalen Integrals numerisch auswerten[4] und erhielt (ohne den äußeren Faktor) den Wert 0,4674011002723397... Diesen Wert konnte es nun mithilfe seiner `identify`-Funktion erkennen als $\pi^2/4 - 2$. Insgesamt wurde das Integral also identifiziert als

$$C = \frac{\pi^4}{16} - \frac{\pi^2}{2}.$$

Jetzt, wo Borwein die Antwort „wusste", war es mit weiterer Hilfe von Maple eine ziemlich einfache Sache, sie auch zu „beweisen". Dies geschah über die Substitution $u = (1-s)/(1+s)$ in der zuletzt erhaltenen Darstellung, was den einfachen Ausdruck

$$C = \frac{2\pi^2}{4} \int_0^1 \frac{u^2 \log u}{u^2 - 1} \, du$$

ergab. Diesen Ausdruck konnte Maple nun analytisch auswerten, was zu dem bereits experimentell gefundenen geschlossenen Resultat führte. (Man kann dieses Integral auch von Hand auswerten, zum Beispiel durch Nutzung der geometrischen Reihe und gliedweise Integration.)

Es war natürlich enttäuschend (vor allem für Bailey!), dass der ISC nicht in der Lage gewesen war, den numerischen Wert des ursprünglichen Integrals zu erkennen. Offensichtlich lag die Zahl, die Bailey erhalten hatte, gerade außerhalb des Suchbereiches des ISC und jenseits der Konstanten, die der ISC für seine Suche kombiniert. Wie in Kapitel 3 erwähnt, wurde der

---

[4] Inzwischen kann Maple diese Integrale auch symbolisch auswerten.

ISC im Laufe des Sommers 2007 überarbeitet und erweitert und ist jetzt als ISC+ online aufzufinden unter

http://carma-lx1.newcastle.edu.au:8087/.

Der ISC+ ist nun in der Lage, den geschlossenen Ausdruck für die ursprüngliche Zahl zu finden. Tatsächlich erhält man aber auch schon mit dem einfachen Maple-Befehl

```
identify(1.15326598908047301786027, BasisSizePoly=7);
```

denselben geschlossenen Ausdruck, den auch Borwein schon gefunden hatte.

Wie wir bereits bemerkt haben, kann die Physik einige ziemlich schwierige Integrale aufwerfen. Das folgende Integral stammt aus dem Gebiet, das als Ising-Theorie bekannt ist:

$$E_n = 2 \int_0^1 \cdots \int_0^1 \left(\prod_{n \geq k > j \geq 1} \frac{u_k/u_j - 1}{u_k/u_j + 1} \right)^2 \, dt_2 \ldots dt_n,$$

wobei $u_k = \prod_{i=1}^k t_i$.

Durch eine lange Abfolge von Berechnungen und Umformungen kamen Borwein, Bailey und Crandall zu der Vermutung, dass

$$E_5 = 42 - 1984 Li_4 \left(\tfrac{1}{2}\right) + \frac{189\pi^4}{10} - 74\,\zeta(3)$$

$$- 1272\,\zeta(3)\log 2 + 40\pi^2 \log^2 2 - \frac{62\pi^2}{3}$$

$$+ \frac{40\pi^2 \log 2}{3} + 88 \log^4 2 + 464 \log^2 2 - 40 \log 2$$

sein könnte, wobei $Li_n(x)$ den Polylogarithmus n-ter Ordnung

$$Li_n(x) = \sum_{k=1}^{\infty} \frac{x^k}{k^n}$$

bezeichnet. Man kann sich nur schwer vorstellen, dass solch ein Ausdruck jemals ohne Unterstützung durch einen Computer gefunden werden könnte!

Nachdem das Integral numerisch mit 240 Stellen ausgewertet worden war, fand ein Integerrelationsalgorithmus, der nur 50 Stellen benutzte, den oben angegebenen geschlossenen Ausdruck. Damit ist die Auswertung des Integrals um mindestens 190 Stellen über einen Level hinaus, den man noch als reinen Zufall abtun könnte. Demnach sieht es so aus, als sei die

Auswertung korrekt. Aber einen formalen Beweis gibt es bisher nicht. Berechnungen wie diese können bis zu einem Tag dauern, selbst wenn sie auf 2^9 Prozessoren laufen. Auf einem guten Desktop-PC wäre das über ein Jahr an Rechenzeit, so dass derartige Berechnungen ohne Zugang zu modernen Parallelrechnern nicht praktikabel sind.

Kürzlich bat Craig Tracy Borwein um Hilfe bei der Suche nach einem geschlossenen Ausdruck für einen komplizierteren Verwandten von E_n, nämlich D_5, wobei D_n gegeben ist durch

$$D_n = \frac{4}{n!} \int_0^\infty \cdots \int_0^\infty \frac{\prod_{i<j} \left(\frac{u_i - u_j}{u_i + u_j} \right)^2}{\left(\sum_{j=1}^n u_j + 1/u_j \right)^2} \frac{du_1}{u_1} \cdots \frac{du_n}{u_n}.$$

Werte für D_1, D_2, D_3 und D_4 sind schon seit über 30 Jahren bekannt:

$$D_1 = 2,$$

$$D_2 = \frac{1}{3},$$

$$D_3 = 8 + \frac{4\pi^2}{3} - 27L_{-3}(2),$$

$$D_4 = \frac{4\pi^2}{9} - \frac{1}{6} - \frac{7\zeta(3)}{2},$$

wobei L_{-3} die Dirichlet-Reihe

$$L_{-3}(2) = \sum_{n=0}^\infty \left[\frac{1}{(3n+1)^2} - \frac{1}{(3n+2)^2} \right]$$

ist. Um Tracys Problem mithilfe des Integerrelationsalgorithmus PSLQ zu lösen, muss man das fünfdimensionale Integral D_5 auf mindestens 50 bis 250 Stellen berechnen, wenn man nach Kombinationen von 6 bis 15 Konstanten suchen will. Monte-Carlo-Algorithmen, die mittels zufällig gewählter Punkte um den Graphen einer mehrdimensionalen Funktion einige Stellen von deren Integral berechnen können, sind dafür sicherlich nicht ausreichend.

Bailey, Borwein und Crandall gelang es mittels symbolischer Rechnungen, D_5 zu reduzieren auf ein fürchterliches, mehrere Seiten langes dreidimensionales Integral! Dieses Integral wurde auf *Bassi*, einem IBM Power5-System am Lawrence Berkeley National Laboratory, numerisch ausgewertet. Eine 18,2 Stunden dauernde Rechnung auf 256 Prozessoren ergab die folgenden 500 Stellen:

0,00248460576234031547995050915390974963506067764248751 6

15870769216182213785691543575379268994872451201870687211

06392520511862069944997542265656264670853828412450011668

22300045457032687697384896151982479613035525258515107154

38638113696174922429855780762804289477702787109211981116

06340631254136038598401982807864018693072681098854823037
887884875830583512578552364199694869146314091127363094 60
524093400887162838706436421861204509029973356634113727 61
220240883454631501711354084419784092245668504608184468 . . .

Ein geschlossener Ausdruck für diesen Wert ist bislang nicht gefunden worden. Doch die gesamten Daten werden jedem Forscher, der eine neue Idee hat und die Suche fortsetzen will, zur Verfügung gestellt. Die Daten enthalten auch Details über den bisher ausgeschöpften Suchraum; alle negativen Ergebnisse sind so niedergelegt, dass sie auch für andere brauchbar sind – gerade so, wie man es auch in den (anderen) experimentellen Wissenschaften erwarten würde.

An dieser Episode kann man sehen, dass Integerrelationsalgorithmen zwar normalerweise schnell durchgeführt sind, dass es aber höchst strapazierende Ausnahmen gibt.

Untersuchungen

1. *Integration.* Bei den folgenden sieben Integralen können Sie sich an einer numerischen Auswertung und anschließenden Identifikation versuchen. Vielleicht kann Ihr Computeralgebrasystem die Integrale auch direkt auswerten. Die Werte sind stets eine Kombination (also Summen von Produkten) von Konstanten wie e, $\sqrt{2}$, $\sqrt{3}$, π, $\zeta(3)$, $\log 2$, G, γ. Hier bezeichnet G wieder die Catalansche Konstante und γ die Euler-Mascheroni-Konstante. Die Integrale stammen aus üblichen Integral- und Reihentafeln.

(a) $\displaystyle\int_0^\infty \frac{x^2}{\sqrt{e^x - 1}}\, dx$,

(b) $\displaystyle\int_0^{\pi/4} x\tan(x)\, dx$,

(c) $\displaystyle\int_0^{\pi/4} (\pi/4 - x\tan x)\tan(x)\, dx$,

(d) $\displaystyle\int_0^{\pi/2} \frac{x^2}{\sin^2(x)}\, dx$,

(e) $\displaystyle\int_0^\infty \frac{\log(x)}{\cosh^2(x)}\, dx$,

(f) $\displaystyle\int_0^{\pi/2} \sqrt{\tan x}\, dx$,

(g) $\displaystyle\int_0^{\pi/2} \frac{x^4}{\sin^4(x)}\,\mathrm{d}x.$

In mindestens einem Integral kommt übrigens auch $\log(\pi)$ vor.

2. *Wenn Fubini scheitert.* Wenn man heuristisch mit einem Computeralge-brasystem arbeitet, kann man munter Grenzwerte bilden, die Reihenfol-ge von Integrationen oder Summationen vertauschen und so weiter. Die Vertauschungen sind völlig gerechtfertigt, wenn der Integrand oder Sum-mand positiv ist (da dann absolute Konvergenz vorliegt), aber es kann heilsam sein, daran erinnert zu werden, was alles schiefgehen kann, und dies in einem Computeralgebrasystem zu untersuchen. (Eine entspre-chende Warnung für Grenzwerte wird in den „Untersuchungen" von Ka-pitel 9 diskutiert.) Bestätigen und untersuchen Sie, warum

$$\int_0^1 \int_0^1 \frac{x^2 - y^2}{(x^2 + y^2)^2}\,\mathrm{d}x\,\mathrm{d}y = -\frac{\pi}{4}$$

gilt, aber

$$\int_0^1 \int_0^1 \frac{x^2 - y^2}{(x^2 + y^2)^2}\,\mathrm{d}y\,\mathrm{d}x = \frac{\pi}{4}.$$

3. *„Unmögliche" Integrale aus der Physik.* Es folgen drei Integrale, die fast so aussehen wie die Integrale aus dem obigen Punkt 1. Sie stammen aus der mathematischen Physik (im Zusammenhang mit Kastenintegra-len), aber für keines war bis vor Kurzem eine geschlossene Form bekannt (vgl. [Borwein et al. 10]).

(a) $\displaystyle\int_0^1 \frac{\log(\sqrt{3 + y^2} + 1) - \log(\sqrt{3 + y^2} - 1)}{1 + y^2}\,\mathrm{d}y,$

(b) $\displaystyle\int_3^4 \frac{\operatorname{arcsec}(x)}{\sqrt{x^2 - 4x - 3}}\,\mathrm{d}x,$

(c) $\displaystyle\int_0^{\pi/4} \int_0^{\pi/4} \sqrt{\sec^2(a) + \sec^2(b)}\,\mathrm{d}a\,\mathrm{d}b.$

Hier ist $\sec(x) = 1/\cos(x)$ der Sekans und $\operatorname{arcsec}(x)$ dessen Umkehrfunk-tion, der Arkussekans.

4. *Wenn Mathematica und Maple nicht mehr weiterwissen.* Computeral-gebrasysteme werden ständig verbessert. Mathematica 7.0 und Maple 13 (die jetzt aktuellen Versionen) können das Integral

$$\int_0^{\pi/2} \frac{\arcsin\left(\sin(x)/\sqrt{2}\right)\sin(x)}{\sqrt{4 - 2\sin^2(x)}}\,\mathrm{d}x = \frac{\pi}{8}\sqrt{2}\ln(2)$$

nicht auswerten, aber die identify-Routine des ISC+ wird den Wert fin-den.

Thomas Jefferson
signing a check
for 60 000 000 francs
to Napoleon —
the best real estate
deal in history!

6 Glückstreffer

*Ich glaube fest an das Glück und bemerke, dass ich
umso mehr davon habe, je härter ich arbeite.*

Thomas Jefferson (1743–1826)

In Fernseh- und Kinofilmen werden Wissenschaftler gerne dargestellt, wie
sie seltsam gefärbte Flüssigkeiten zusammenmixen und gelegentlich dabei
einen Glückstreffer landen, indem sie zum Beispiel einen Trank entdecken,
der Sachen unsichtbar macht – oder sie haben Pech und verursachen eine
Explosion, die ihnen das Haar zu Berge stehen lässt und die Augenbrauen
versengt. Professionelle wissenschaftliche Experimente sind natürlich ganz
anders. (Zumindest hoffen wir, dass das für Sie „natürlich" ist.) Im wirklichen Leben formulieren Wissenschaftler zunächst eine Hypothese und führen dann ein Experiment durch, um diese zu testen. Doch heißt das nicht,
dass dabei kein Glück im Spiel wäre. Tatsächlich hängt manche große Entdeckung von einem unglaublichen Glückstreffer ab.

Ein berühmtes Beispiel ist die Entdeckung des Penicillins durch Sir Alexander Fleming (1881–1955) im Jahr 1928. Wie dieses Beispiel zeigt, kann es
zwar sein, dass die Entdeckung von einem Glückstreffer abhängt, doch handelt es sich dabei nicht um „blindes Glück" (wie auch US-Präsident Thomas
Jefferson in obigem Zitat andeutete). Derjenige, der die Entdeckung macht,
muss alles andere als blind sein, wenn er das zufällige Ereignis als möglicherweise wichtig einordnen und seine Bedeutung ergründen will. Schließlich
hätte Fleming ja auch einfach „Bäh!" murmeln und die schimmeligen Kultu-
ren, die ihn am nächsten Morgen bei seiner Rückkehr ins Labor begrüßten,
entsorgen können, ohne zu bemerken, dass der Schimmel das Wachstum
seiner Bakterien zu hemmen schien. Doch das tat er eben nicht.[1]

Dies gilt auch in Experimenteller Mathematik. Gerade weil das Gebiet
experimentell *ist*, kann diese Methode, mathematische Forschung anzuge-

---

[1] Pasteur soll gesagt haben, dass Schicksal und Glück den vorbereiteten Verstand begünstigen.
Dies trifft nirgends mehr zu als in der Mathematik.

hen, manchmal zu unverhofften Entdeckungen führen. Die Auswertung einer Formel zu 20, 30 oder mehr Stellen kann zum Beispiel ein Muster aufweisen, das auf etwas Interessantes – und Unerwartetes – hindeutet. Oder wenn sich von zwei verschiedenen Ausdrücken herausstellt, dass sie auch nur auf fünf oder sechs Dezimalstellen übereinstimmen, dann würden die meisten Mathematiker zustimmen, dass es sich lohnt zu untersuchen, ob die beiden Ausdrücke nicht denselben Wert bezeichnen.

Genau dies passierte im Jahre 1993, als Enrico Au-Yeung, ein Student an der University of Waterloo in Kanada, einem von uns (Borwein) das seltsame Resultat

$$\sum_{k=1}^{\infty} \left(1 + \frac{1}{2} + \ldots + \frac{1}{k} \right)^2 k^{-2} = 4{,}59987$$

$$\approx \frac{17}{4} \zeta(4) = \frac{17\pi^4}{360} \tag{6.1}$$

zur Kenntnis brachte. Au-Yeung hatte 500.000 Terme der Summe in (6.1) berechnet und so eine Genauigkeit von fünf bis sechs Dezimalstellen erhalten. Da wir annahmen, dass diese Entdeckung bloß ein numerischer Zufall war, gingen wir daran, die Reihe mit einer größeren Genauigkeit auszuwerten. Indem wir etwas Fourier-Analysis und die Parseval-Gleichung anwendeten, erhielten wir

$$\frac{1}{2\pi} \int_0^{\pi} (\pi - t)^2 \log^2 \left(2 \sin \frac{t}{2} \right) \, dt = \sum_{n=1}^{\infty} \frac{\left(\sum_{k=1}^n 1/k \right)^2}{(n+1)^2}. \tag{6.2}$$

Unser Plan war, (6.1) mithilfe der Reihe auf der rechten Seite von (6.2) auszudrücken und diese wiederum über das Integral auf der linken Seite mithilfe der numerischen Integrationsroutinen von Mathematica oder Maple auszuwerten. Als wir das jedoch taten, stellten wir zu unserer Überraschung fest, dass die vermutete Identität zu mehr als 30 Stellen gilt.

Zu der Zeit wussten wir nicht, dass Au-Yeungs vermutete Identität direkt aus einem Ergebnis folgt, das der niederländische Mathematiker P. J. de Doelder schon 1991 bewiesen hatte. Tatsächlich war es sogar früher schon als Problem im *American Mathematical Monthly* aufgetaucht, aber die Geschichte geht sogar noch weiter zurück. Mit ein wenig historischer Nachforschung stellte sich heraus, dass schon Leonhard Euler diese Summen untersucht hatte. Als Antwort auf einen Brief von Goldbach hatte er Reihen betrachtet, die äquivalent waren zu

$$\sum_{k=1}^{\infty} \left(1 + \frac{1}{2^m} + \ldots + \frac{1}{k^m} \right) (k+1)^{-n}. \tag{6.3}$$

Der große Schweizer Mathematiker konnte für einige dieser Summen explizite Ausdrücke angeben, die spezielle Werte der Riemannschen Zetafunktion enthielten. Zum Beispiel fand er explizite Formeln für den Fall $m = 1$, $n \geq 2$.

Im Rückblick war es wahrscheinlich besser, dass wir die Ergebnisse von de Doelder und Euler nicht gekannt hatten, denn Au-Yeungs faszinierende numerische Entdeckung war der Beginn eines fruchtbaren Forschungsprogramms, an dem mehrere Wissenschaftler beteiligt waren und das fast bis zum heutigen Tag angedauert hat. Reihen von dieser Form sind heutzutage bekannt als „Eulersche Reihen" oder „Euler-Zagier-Reihen" oder auch „multidimensionale Zetafunktionen" – unter diesem Namen haben wir in Kapitel 4 schon ein Beispiel kennengelernt.

Um sie eingehender untersuchen zu können, war es notwendig, eine effiziente Methode zu entwickeln, um ihre Werte mit hoher Genauigkeit berechnen zu können. Insbesondere wurde eine Genauigkeit von 200 oder mehr Stellen benötigt, um sinnvolle Ergebnisse mit Integerrelationsmethoden erhalten zu können. Hochgenaue Berechnungen vieler dieser Reihen, kombiniert mit umfangreichen Untersuchungen unter beträchtlichem Einsatz von symbolischen Berechnungen in Maple, führten schließlich zu zahlreichen neuen Resultaten.

Hier folgen nur zwei der vielen interessanten Resultate, die wir zunächst numerisch entdeckten und die seitdem auch analytisch nachgewiesen werden konnten:

$$\sum_{k=1}^{\infty} \left(1 + \frac{1}{2} + \ldots + \frac{1}{k}\right)^2 (k+1)^{-4} = \frac{37}{22680}\pi^6 - \zeta^2(3),$$

$$\sum_{k=1}^{\infty} \left(1 + \frac{1}{2} + \ldots + \frac{1}{k}\right)^3 (k+1)^{-6} =$$

$$\zeta^3(3) + \frac{197}{24}\zeta(9) + \frac{1}{2}\pi^2\zeta(7) - \frac{11}{120}\pi^4\zeta(5) - \frac{37}{7560}\pi^6\zeta(3).$$

Seit 1994, als diese Forschungen ihren Anfang nahmen, sind viele weitere konkrete Identitäten entdeckt worden, die zu einer stetig wachsenden Sammlung von allgemeinen Formeln und anderen bewiesenen Resultaten führten.

Ein anderes Beispiel für einen Glücksfall für die beteiligten Forscher sind die Folgen (a_n) und (b_n), die in den späten sechziger Jahren von Ronald Graham und Henry Pollak untersucht wurden. Bei diesen Folgen beginnt man mit $a_0 = m$ und iteriert dann

$$a_{n+1} = \left\lfloor \sqrt{2a_n(a_n + 1)} \right\rfloor,$$

wobei $\lfloor \ldots \rfloor$ wie in Kapitel 1 den ganzzahligen Anteil bezeichnet, und setzt schließlich

$$b_n = a_{2n+1} - 2a_{2n-1}.$$

„Warum würden die beiden sich solche Folgen anschauen?", fragen Sie nun. Der Grund: Die Folgen treten bei der Untersuchung gewisser Sortieralgorithmen auf. Jedenfalls fragten sich Graham und Pollak, ob sie eine oder beide Folgen identifizieren könnten. Nachdem sie mit den Folgen für eine Weile herumgespielt hatten, stellten sie fest, dass die Konstanten $\alpha(m)$, die für natürliche Zahlen $m \geq 1$ durch $\alpha(m) = 0, b_1 b_2 b_3 \ldots_2$ gegeben sind (wobei der Index 2 am Ende bedeutet, dass die Folge (b_n) als die Binärentwicklung von $\alpha(m)$ zu lesen ist), einfache algebraische Zahlen sind. Konkret ergibt sich

$$\alpha(1) = \sqrt{2} - 1, \qquad\qquad \alpha(2) = \sqrt{2} - 1,$$
$$\alpha(3) = 2\sqrt{2} - 2, \qquad\qquad \alpha(4) = 2\sqrt{2} - 2,$$
$$\alpha(5) = 3\sqrt{2} - 4, \qquad\qquad \alpha(6) = 4\sqrt{2} - 5,$$
$$\alpha(7) = 3\sqrt{2} - 4, \qquad\qquad \alpha(8) = 5\sqrt{2} - 7,$$
$$\alpha(9) = 4\sqrt{2} - 5, \qquad\qquad \alpha(10) = 6\sqrt{2} - 8.$$

Diese Einsicht führte dann zu einer expliziten Formel für die Folge (a_n), nämlich

$$a_n = \left\lfloor \tau_m \left(2^{n/2} + 2^{(n-1)/2} \right) \right\rfloor,$$

wobei τ_m die mt-kleinste reelle Zahl aus der Menge

$$\{1, 2, 3, \ldots\} \cup \left\{ \sqrt{2}, 2\sqrt{2}, 3\sqrt{2}, \ldots \right\}$$

ist. Es ist nicht bekannt, ob es analoge Formeln für andere derartige Folgen gibt, zum Beispiel für

$$a_{n+1} = \left\lfloor \sqrt{3 a_n (a_n + 1)} \right\rfloor \qquad \text{oder für}$$
$$a_{n+1} = \left\lfloor \sqrt[3]{2 a_n (a_n + 1)(a_n + 2)} \right\rfloor.$$

Als letztes Beispiel für einen „Beweis durch Glücksfall" beginnen wir mit einer Entdeckung, die im Jahr 1996 von Borwein zusammen mit David M. Bradley gemacht wurde. Wir waren auf der Suche nach Formeln für die Werte der Riemannschen Zetafunktion auf den natürlichen Zahlen, in der Art der Apéry-Reihe wie in Kapitel 4 beschrieben.

Nachdem wir viele Stunden am Computer mit Integerrelationsrechnungen verbracht hatten, konnten wir die folgende mögliche Identität präsentieren, die anscheinend für alle komplexen Zahlen z mit $|z| < 1$ gültig war:

$$\sum_{n=0}^{\infty} \zeta(4n+3) z^{4n} = \sum_{k=1}^{\infty} \frac{1}{k^3 (1 - z^4/k^4)}$$

$$= \frac{5}{2} \sum_{k=1}^{\infty} \frac{(-1)^{k-1}}{k^3 \binom{2k}{k} (1 - z^4/k^4)} \prod_{m=1}^{k-1} \frac{1 + 4z^4/m^4}{1 - z^4/m^4}.$$

Für $z = 0$ ergibt diese Identität die Apéry-Reihe für $\zeta(3)$, der wir schon in Kapitel 4 begegnet sind.

Aufgrund der vom Computer erzeugten Daten wussten wir, dass diese Identität numerisch richtig war für alle n zwischen 1 und 10. Aber konnten wir die Identität auch analytisch beweisen? Die erste der beiden Zeilen war dabei kein Problem, aber die zweite Zeile hatte eine völlig unerwartete Form. Doch die Computerergebnisse deuteten auf einen möglichen Beweis hin.

Die Rechnungen für die ersten zehn Fälle zeigten uns zunächst, dass

$$\sum_{n=0}^{\infty} \zeta(4n + 3)z^{4n} = \sum_{k=1}^{\infty} \frac{1}{k^3(1 - z^4/k^4)}$$

von der Form

$$\frac{5}{2} \sum_{k \geq 1} \frac{(-1)^{k-1}}{k^3 \binom{2k}{k}} \frac{P_k(z)}{(1 - z^4/k^4)}$$

mit *irgendeinem* Ausdruck P_k sein muss, der von z abhängt. Und der Computer hatte genug Daten generiert, dass wir eine geschlossene Formel für P_k raten konnten, nämlich

$$P_k(z) = \prod_{m=1}^{k-1} \frac{1 + 4z^4/m^4}{1 - z^4/m^4}.$$

Nach einer weiteren Woche Arbeit hatten wir dann die folgende interessante Identität mit einer endlichen Summe gefunden, die äquivalent zu unserer ursprünglichen Vermutung war:

$$\sum_{k=1}^{n} \frac{2n^2}{k^2} \frac{\prod_{i=1}^{n-1}(4k^4 + i^4)}{\prod_{i=1, i \neq k}^{n}(k^4 - i^4)} = \binom{2n}{n}.$$

Diese Version wurde erst ungefähr ein Jahr später durch Gert Almkvist und Andrew Granville bewiesen, die damit den Beweis für die ursprünglich vermutete Identität vollendeten. Doch deren erste Entdeckung entstand aufgrund eines Tippfehlers bei der Dateneingabe auf einem Computerterminal! Das war der unverhoffte Glücksmoment in der Geschichte.

Denn beim Eingeben einer Formel in Maple tippten wir versehentlich `infty` ein (den TeX-Befehl, der das Zeichen ∞ erzeugt) anstelle des in Maple verwendeten Wortes `infinity`. Was für eine Überraschung, als Maple den Ausdruck `infty` als den Namen einer Variablen interpretierte und eine Antwort ausgab! Offensichtlich kannte das Programm eine Methode, um mit derartigen endlichen Summen umzugehen. (Tatsächlich wusste es von R. W. Gospers Arbeiten über „kreatives Teleskopieren", und diese Methode war es dann auch, die zu der zweiten, am Ende beweisbaren Form führte.)

Zu dieser Geschichte gehört auch noch eine weitere Anekdote. Wir zeigten Paul Erdős die damals noch vermutete Identität mit den endlichen Summen kurz vor dessen Tod. Der berühmte ungarische Mathematiker zog sich zurück, um darüber nachzudenken, und kam nach einer halben Stunde zurück, um festzustellen, dass er zwar keine Ahnung habe, wie man das beweisen könne, dass es aber, falls es wahr wäre, Auswirkungen auf Apérys Resultat habe! Und damit hatte ja, auch wenn Erdős das nicht wusste, die ganze Geschichte begonnen.

Der Zufall kann auch Fehler in früheren Arbeiten aufdecken, die sonst für immer (oder zumindest für sehr lange) unentdeckt geblieben wären. David Bailey erzählt:

> Im Verlauf unserer Forschungen entdeckten Jon [Borwein] und ich manchmal mathematische Fehler in unseren Arbeiten oder in denen anderer, indem wir Rechnungen auf dem Computer durchführten. In manchen Fällen hatten wir gezielt Ergebnisse überprüft, um beispielsweise ein Manuskript endgültig zur Veröffentlichung fertigzustellen, aber öfter noch sind wir beim Rechnen über einen Fehler gestolpert. Manchmal denke ich, dass es diese Anwendung rechnergestützter Methoden ist, die möglicherweise den wertvollsten „praktischen" Beitrag der Experimentellen Mathematik darstellt. Hier ein Beispiel, das erst ein paar Tage alt ist. Zu dem Zeitpunkt arbeitete ich gerade mühselig die äußerst zahlreichen Korrekturen in eine 110-seitige Ergänzung für die zweite Auflage unseres Buches *Mathematics by Experiment* [Borwein und Bailey 08] ein, die der Redakteur verlangt hatte. An einer Stelle in dem Manuskript leiten Jon und ich diese zwei Identitäten her:
>
> $$_3F_2\left(\begin{matrix}6k,-2k,2k+1\\4k+1,2k+\frac{1}{2}\end{matrix}\middle|\,1\right)=\left(\frac{(4k)!\,(3k)!}{(6k)!\,k!}\right)^2,$$
>
> $$_3F_2\left(\begin{matrix}6k+3,-2k-1,2k+1\\4k+3,2k+\frac{3}{2}\end{matrix}\middle|\,1\right)=-\frac{1}{3}\left(\frac{(4k+1)!\,(3k)!}{(6k+1)!\,k!}\right)^2$$
>
> (wie schon in Kapitel 4 gesehen). Ich überprüfte diese beiden Identitäten mit Mathematica, indem ich die linke und die rechte Seite der Gleichungen numerisch für $k = 1, 2, \ldots, 20$ auswertete. Die erste Gleichung kam hin für alle 20 Werte von k, aber die zweite nicht – die Terme auf der linken Seite waren positiv, während die auf der rechten Seite negativ waren (doch die Absolutwerte stimmten überein). Ich schickte eine Nachricht an Jon, dass da irgendwo ein kleiner Fehler steckte – dass wahrscheinlich das Minuszeichen auf der rechten Seite entfernt werden sollte. Aber Jon wies darauf hin, dass diese Werte ja aus den geraden Gliedern einer alternierenden Folge stammten, die wir in unserem Manuskript einige Zeilen darüber präsentierten, so dass

das Minuszeichen bleiben musste. Er gab auch einen sehr bösen Kommentar ab über Mathematicas Fähigkeiten im Umgang mit hypergeometrischen Funktionen (er benutzte ein Wort, das hier besser nicht wiedergegeben wird).

Dann stellte sich heraus, dass wir Unrecht hatten und Mathematica Recht. Das Problem lag nicht auf der rechten Seite der Gleichung, sondern auf der linken: Der Term „$2k + 1$" musste durch „$2k + 2$" ersetzt werden. Nachdem wir diese Änderung durchgeführt hatten, kam alles hin. Aus irgendeinem seltsamen Grund hatte der Tippfehler zur Folge, dass sich die Vorzeichen auf der linken Seite für alle k umdrehten. Das Fazit ist, dass der Fehler unbemerkt durchgegangen und ziemlich sicher auch gedruckt worden wäre, wenn wir diese Identitäten nicht mit Mathematica überprüft hätten.

Der glückliche Zufall schlägt wieder zu!

Baileys Geschichte erinnert an eine Episode aus Douglas Adams' umwerfender Science-Fiction-Komödie *The Hitchhiker's Guide to the Galaxy*, die als Radioserie der BBC im Jahre 1978 begann:

Der Unendliche Unwahrscheinlichkeitsdrive ist eine neue, hinreißende Methode, riesige interstellare Entfernungen ohne das ganze langweilige Herumgehänge im Hyperraum in einem bloßen Nichtsigstel einer Sekunde zurückzulegen.

Entdeckt wurde er durch einen glücklichen Zufall, zu einem brauchbaren Antrieb weiterentwickelt wurde er dann vom Galaktischen Staatlichen Forschungsteam auf Damogran.

Das ist in der gebotenen Kürze die Geschichte seiner Entdeckung.

Das Prinzip, kleine Mengen *endlicher* Unwahrscheinlichkeit herzustellen, indem man einfach die Logikstromkreise eines Sub-Meson-Gehirns Typ Bambelweeny 57 mit einem Atomvektoren-Zeichner koppelte, der wiederum in einem starken Braunschen Bewegungserzeuger hing (sagen wir mal, einer schönen heißen Tasse Tee), war natürlich allenthalben bekannt – und solche Generatoren wurden oft dazu benutzt, auf Partys Stimmung zu machen, indem man analog der Indeterminismustheorie alle Unterwäschemoleküle der Gastgeberin plötzlich einen Schritt nach links machen ließ.

Viele berühmte Physiker sagten, sie könnten nichts von alledem vertreten, zum Teil, weil es eine Herabwürdigung der Wissenschaft darstelle, vor allem aber, weil sie zu solchen Partys nie eingeladen wurden.

Etwas anderes, was sie nicht ertrugen, war das dauernde Scheitern ihrer Bemühungen, einen Apparat zu bauen, der das *un-*

endliche Unwahrscheinlichkeitsfeld erzeugen könnte, mit dem ein Raumschiff die irrwitzigen Entfernungen zwischen den entlegensten Sternen in Nullkommanix zurücklegen würde. Und so verkündeten sie schließlich mürrisch, so einen Apparat zu bauen sei im Grunde genommen unmöglich.

Darauf stellte ein Student, der nach einem besonders erfolglosen Tag das Labor ausfegen sollte, folgende Überlegung an:

Wenn, so dachte er sich, so ein Apparat *im Grunde genommen* unmöglich ist, dann ist das logischerweise eine *endliche* Unwahrscheinlichkeit. Ich brauche also nichts anderes zu tun, als genau auszurechnen, wie unwahrscheinlich so ein Apparat ist, dann muss ich diese Zahl in den Endlichen Unwahrscheinlichkeitsgenerator eingeben, ihm eine Tasse wirklich heißen Tee servieren ... und ihn anstellen!

Das tat er und fand zu seinem großen Erstaunen, dass es ihm einfach so aus der hohlen Hand gelungen war, den lange gesuchten Unwahrscheinlichkeitsgenerator zu erfinden.[2]

Untersuchungen

In der englischen Sprache gibt es das Wort *serendipity*, mit dem man die Eigenschaft bezeichnet, durch reinen Zufall erwünschte Entdeckungen zu machen – also des Öfteren Glückstreffer zu landen. Es ist im Grunde ein Kunstwort, da es aus dem Titel eines Märchens von Horace Walpole stammt (*Die drei Prinzen von Serendip*, 1754), in dem die Titelhelden ebendiese Eigenschaft besitzen.

Wie können Sie Ihre Chancen, Glückstreffer zu landen, vergrößern? Wir haben keine Übungsaufgaben, die Sie beim Erwerb dieser Eigenschaft unterstützen können, doch in der Experimentellen Mathematik können Sie schon verschiedene Gewohnheiten entwickeln, die dabei hilfreich sind. Zum Beispiel:

- Benutzen Sie die Enzyklopädie von Sloane und den ISC oft genug, so dass sie Ihnen nie ganz aus dem Sinn geraten.

- „Googlen" Sie auf intelligente Weise, benutzen Sie MathSciNet und denken Sie daran, dass das Verzeichnis der Bibliothek immer noch ein wertvolles Hilfsmittel ist, so wie auch Amazon.

- Führen Sie gute Aufzeichnungen und versuchen Sie, Ihre Programme geordnet und mit Anmerkungen abzulegen.

---

[2] Deutsche Übersetzung zitiert nach: D. Adams, *Per Anhalter durch die Galaxis*. Aus dem Englischen von Benjamin Schwarz. 24. Auflage, Heyne 2004.

Mathematischer ausgedrückt:

- Finden Sie etwas, das Sie plotten können. Wenn Ihnen zum Beispiel jemand sagt, dass

$$2 + \frac{2}{45}x^3 \tan x > \frac{\sin^2 x}{x^2} + \frac{\tan x}{x} > 2 + \frac{16}{\pi^4}x^3 \tan x > 2$$

für $0 < x < \pi/2$ gilt und dass die Konstanten bestmöglich sind, dann wird ein Plot wahrscheinlich sehr viel mehr Information enthalten als das Einsetzen von Werten oder das Durchführen von Analysis.

- Rechnen Sie zunächst mit sehr geringer Genauigkeit, um zu sehen, ob numerische Auswertungen mit annehmbarer Genauigkeit überhaupt ohne gewaltigen Aufwand möglich sind. Zum Beispiel ist es unwahrscheinlich, dass sich

$$\sum_{n=1}^{\infty} H_n^2/n^3$$

numerisch auswerten lässt,[3] aber mit 100.000 Termen wird die Summe schon auf einige Stellen berechenbar sein. (Wie viele?)

- Probieren Sie das unbestimmte Integral, die endliche Summe, führen Sie Variablentransformationen durch, nutzen Sie Symmetrien aus. Zum Beispiel wird es Ihnen leichtfallen, die Reihe

$$\sum_{n=0}^{\infty} \frac{(4n+3) \binom{2n}{n}^2}{(n+1)^2 \, 2^{4n+2}}$$

zu identifizieren. Um einen Beweis zu finden, betrachten Sie die endliche Summe.

- Spielen Sie mit der Substitution und der partiellen Integration beim Integrieren, versuchen Sie die Partialbruch- und die Kettenbruchentwicklung.

All dies ist leicht auf dem Computer, aber oft mühsam von Hand. Deshalb könnte man es genauso gut auch Kapitel 8 zuordnen.

---

[3] Wir bezeichnen stets $H_n = 1 + 1/2 + \cdots + 1/n$.

7 Berechnungen von π

Ich schäme mich Ihnen mitzuteilen, bis zu wie viel
Stellen ich diese Berechnungen [von π] getrieben
habe, als ich gerade nichts Besseres zu tun hatte.

Isaac Newton (1642–1727)

Vor Tausenden von Jahren bemerkten die alten Griechen (und andere frühe Zivilisationen), dass man stets dieselbe Zahl erhält, wenn man einen beliebigen Kreis (egal wie groß) nimmt und seinen Umfang durch seinen Durchmesser teilt. Diese Zahl liegt zwischen 3 und 4, und wir bezeichnen sie heutzutage als π. Da sie eine gebrochene Zahl von großer Bedeutung ist, bestand stets Interesse daran, ihren Wert mit möglichst großer Genauigkeit zu berechnen – eine Aufgabe, die zunächst aus praktischen Gründen verfolgt wurde, später aber, als die ersten Dutzend oder so Stellen festgenagelt waren, hauptsächlich als esoterische, akademische Herausforderung weitergeführt wurde.[1]

Einen Großteil dieser Arbeit, auch wenn sie auf dem Computer ausgeführt wird, würde man nicht als Experimentelle Mathematik klassifizieren.[2] Doch die Suche nach immer effizienteren Algorithmen insbesondere zur Berechnung von π hat, wie wir sehen werden, gelegentlich auch Gebrauch von experimentellen Methoden gemacht.

Um 2000 vor Christus benutzten die alten Babylonier implizit die Approximation 3 1/8 (3,125), während für die alten Ägypter π den Wert 256/81 (3,1604...) hatte. Die erste mathematische Bestimmung des Wertes von π geschah durch Archimedes um 250 vor Christus, der eine geometrische Argumentation benutzte, um zu zeigen, dass $3\ 10/71 < \pi < 3\ 1/7$ gilt.

---

[1] Wie Simon Newcomb (1835–1909) im neunzehnten Jahrhundert bemerkte: „Zehn Dezimalstellen von π reichen aus, um den Durchmesser der Erde bis auf den Bruchteil eines Inchs zu bestimmen, und dreißig Dezimalstellen würden den Durchmesser des sichtbaren Universums bis auf eine Größe festlegen, die unter dem stärksten Mikroskop nicht mehr wahrnehmbar ist." (Zitiert nach [MacHale 93].)

[2] Anders als die neueren Berechnungen von binären und hexadezimalen Ziffern von π, die wir in Kapitel 2 beschrieben haben. Diese Berechnungen beruhen auf einer Formel, die auf experimentelle Weise *entdeckt* wurde.

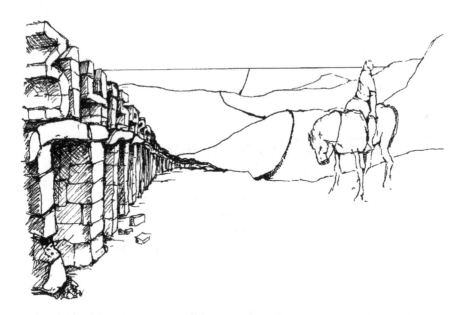

Die Überlegungen von Archimedes laufen auf einen Algorithmus hinaus, mit dem man π mit jeder gewünschten Genauigkeit berechnen kann, nämlich:

$$a_0 = 2\sqrt{3} \; ; \quad b_0 = 3;$$

$$a_{n+1} = \frac{2a_n b_n}{a_n + b_n} \; ; \quad b_{n+1} = \sqrt{a_{n+1} b_n}.$$

Diese Rekursion konvergiert gegen π, wobei der Fehler sich bei jeder Iteration ungefähr um einen Faktor von vier reduziert. Variationen des geometrischen Systems von Archimedes waren die Basis für alle hochgenauen Berechnungen von π für die nächsten 1800 Jahre. Zum Beispiel benutzte im fünften Jahrhundert nach Christus der chinesische Mathematiker Tsu Chung-Chih eine Variante dieser Methode, um π korrekt auf sieben Stellen zu berechnen.

Mit der Entdeckung der Differenzialrechnung durch Newton und Leibniz im siebzehnten Jahrhundert tat sich den Mathematikern eine neue Quelle von Formeln zur Berechnung von π auf. Eine frühe Formel aus dieser Quelle liefert das Integral

$$\arctan x = \int_0^x \frac{\mathrm{d}t}{1 + t^2} = \int_0^x \left(1 - t^2 + t^4 - t^6 + \ldots\right) \mathrm{d}t$$

$$= x - \frac{x^3}{3} + \frac{x^5}{5} - \frac{x^7}{7} + \frac{x^9}{9} - \ldots$$

Setzt man hier $x = 1$, erhält man die sogenannte Leibniz-Reihe, die bereits in Kapitel 3 aufgetaucht ist:

$$\frac{\pi}{4} = 1 - \frac{1}{3} + \frac{1}{5} - \frac{1}{7} + \frac{1}{9} - \frac{1}{11} + \cdots$$

Diese Reihe ist von theoretischem Interesse, hat aber für die Berechnung von π keinen praktischen Wert, da man Hunderte von Termen benötigt, um auch nur zwei Dezimalstellen zu bekommen. Selbst unter Berücksichtigung der Eulerschen Zahlen wie in Kapitel 3 kann die Reihe nicht mit modernen Methoden konkurrieren. Doch wenn man die trigonometrische Identität

$$\frac{\pi}{4} = \arctan\left(\frac{1}{2}\right) + \arctan\left(\frac{1}{3}\right)$$

benutzt, die wohl von Euler aus dem Jahr 1738 stammt, dann erhält man

$$\frac{\pi}{4} = \frac{1}{2} - \frac{1}{3 \cdot 2^3} + \frac{1}{5 \cdot 2^5} - \frac{1}{7 \cdot 2^7} + \cdots$$
$$+ \frac{1}{3} - \frac{1}{3 \cdot 3^3} + \frac{1}{5 \cdot 3^5} - \frac{1}{7 \cdot 3^7} + \cdots,$$

was wesentlich schneller konvergiert.

Eine noch schnellere Formel, die schon eine Generation zuvor von John Machin entdeckt worden war, erhält man in ähnlicher Weise aus der Identität

$$\frac{\pi}{4} = 4\arctan\left(\frac{1}{5}\right) - \arctan\left(\frac{1}{239}\right).$$

Diese Formel ist in unzähligen Berechnungen von π benutzt worden, die schließlich 1874 in William Shanks' Berechnung von π auf 707 Dezimalstellen gipfelten. (Wie sich später herausstellte, war das Resultat ab der 527. Stelle inkorrekt.)

Nachdem die Mathematiker einmal genügend Stellen von π für alle praktischen Anwendungen der wirklichen Welt berechnet hatten, war eine der Motivationen, die Jagd fortzusetzen, ganz im Sinne der heutigen Experimentellen Mathematik: Man wollte sehen, ob die Dezimalentwicklung irgendwann anfängt, sich zu wiederholen, was bedeuten würde, dass π rational wäre. Die Frage der Rationalität wurde im späten 18. Jahrhundert erledigt, als Johann Lambert (1728–1777) und Adrien-Marie Legendre (1752–1833) bewiesen, dass π irrational ist. Hundert Jahre später, im Jahre 1882, bewies Ferdinand von Lindemann, dass es sogar transzendent ist.

Die erste Berechnung von π auf einem mechanischen Rechengerät wurde im Jahr 1945 durchgeführt, als D. F. Ferguson 530 Dezimalstellen von π berechnete. Er benutzte die Formel

$$\frac{\pi}{4} = 3\arctan\left(\frac{1}{4}\right) + \arctan\left(\frac{1}{20}\right) + \arctan\left(\frac{1}{1985}\right).$$

Indem er im Laufe der nächsten zwei Jahre die Berechnung fortsetzte, steigerte er dies auf 808 Stellen. Dabei entdeckte er den Fehler in der Berechnung von Shanks, den wir oben erwähnten.

Nur vier Jahre später, im Jahre 1949, wurde der ENIAC unter der Leitung von János (John) von Neumann (1903–1957) der erste „moderne" Computer, der zur Berechnung von π eingesetzt wurde. Er bestimmte 2037 Dezimalstellen in 70 Stunden Laufzeit.[3]

Mit einem experimentellen Ansatz kann man weitere arctan-Formeln für π wie die obigen entdecken. Die Idee dabei ist, unter Verwendung einzelner numerischer arctan-Werte systematisch danach zu suchen. Wenn Sie zum Beispiel die arctan-Werte in den Formeln unten mit moderater Präzision berechnen und eine Integerrelationsmethode anwenden, erhalten Sie relativ schnell die Formeln

$$\pi = 48\arctan\frac{1}{49} + 128\arctan\frac{1}{57} - 20\arctan\frac{1}{239} + 48\arctan\frac{1}{110443},$$

$$\pi = 176\arctan\frac{1}{57} + 28\arctan\frac{1}{239} - 48\arctan\frac{1}{682} + 96\arctan\frac{1}{12943}.$$

Diese speziellen Formeln wurden von Yasumasa Kanada von der Universität Tokio im Jahre 2002 verwendet, um den damaligen Rekord von einer Billion Dezimalstellen von π aufzustellen.

Doch für den heute gültigen Rekord von knapp 2,7 Billionen Dezimalstellen wurde eine andere Art von π-Formeln verwendet. Diese sind Varianten der folgenden bemerkenswerten Reihe von Srinivasa Ramanujan (1887–1920), die ungefähr aus dem Jahre 1910 stammt:

$$\frac{1}{\pi} = \frac{2\sqrt{2}}{9801}\sum_{k=0}^{\infty}\frac{(4k)!(1103 + 26390k)}{(k!)^4 396^{4k}}.$$

Jeder Term in dieser unendlichen Reihe liefert *acht* zusätzliche richtige Ziffern von π. Als diese Formel unter den π-Jägern bekannt wurde, nahmen die elektronischen Berechnungen von π an Fahrt auf. So wurde die Reihe im Jahr 1985 benutzt, um den damaligen Rekord von 17 Millionen Ziffern von π aufzustellen.

Eine sogar noch produktivere Variante wurde von den Brüdern David und Gregory Chudnovsky entdeckt:

$$\frac{1}{\pi} = 12\sum_{k=0}^{\infty}\frac{(-1)^k(6k)!(13591409 + 545140134k)}{(3k)!(k!)^3 640320^{3k+3/2}}.$$

Jeder Term in dieser Reihe produziert vierzehn zusätzliche (korrekte) Ziffern von π. Die Brüder Chudnovsky benutzten diese Formel im Jahr 1994, um mehr als vier Milliarden Stellen von π zu berechnen. Der heute gültige

---

[3] Von Neumann hat auch die Berechnung von e veranlasst.

Rekord von knapp 2,7 Billionen Stellen, der, wie in Kapitel 2 erwähnt, Ende 2009 von Fabrice Bellard aufgestellt wurde, beruht ebenfalls auf dieser Formel. Bellard implementierte sie auf einem handelsüblichen PC mit einer Core-i7-CPU (mit vier Kernen) und einer Taktfrequenz von 2,93 GHz. Zur Beschleunigung der Rechnung ließ er sich einige clevere Tricks einfallen; zum Beispiel summierte er die Reihe komplett in Binärdarstellung (in 103 Tagen), überprüfte die Korrektheit der höchsten Stellen mit einer Variante der in Kapitel 2 besprochenen BBP-Formel (in 13 Tagen), konvertierte dann das Ergebnis in die Dezimaldarstellung (in 12 Tagen) und prüfte diese Konversion, indem er beide Ausdrücke modulo einiger mittelgroßer Primzahlen reduzierte und dann verglich (in 3 Tagen).

Es gibt sogar noch effektivere Methoden, um π zu berechnen (allerdings derzeit mit einem größeren Overhead als die obigen Reihen). Die folgende Rekursion wurde in 1976 unabhängig voneinander durch Eugene Salamin und Richard Brent entdeckt, die einer Spur folgten, die Gauß über ein Jahrhundert zuvor gelegt hatte. Der Salamin-Brent-Algorithmus läuft wie folgt: Setze $a_0 = 1$, $b_0 = 1/\sqrt{2}$ und $s_0 = 1/2$ und iteriere

$$a_k = \frac{a_{k-1} + b_{k-1}}{2}; \quad b_k = \sqrt{a_{k-1}b_{k-1}};$$

$$c_k = a_k^2 - b_k^2; \quad s_k = s_{k-1} - 2^k c_k;$$

$$p_k = \frac{2a_k^2}{s_k}.$$

Dann konvergieren die p_k *quadratisch* gegen π, das heißt, jede Iteration des Algorithmus *verdoppelt* die Anzahl der richtigen Stellen in etwa. Aufeinanderfolgende Iterationen produzieren 1, 4, 9, 20, 42, 85, 173, 347 und 697 richtige Dezimalziffern von π. Fünfundzwanzig Iterationen genügen, um π mit einer Genauigkeit von über 45 Millionen Dezimalstellen zu berechnen. (Allerdings muss jede dieser Iterationen mit einer numerischen Genauigkeit durchgeführt werden, die mindestens so hoch ist wie die für das Endergebnis angestrebte Genauigkeit.)

Mitte der 1980er Jahre entwickelten Jonathan und Peter Borwein einige sogar noch produktivere Prozeduren diesen Typs, zum Beispiel die folgende:

$$a_0 = 6 - 4\sqrt{2}; \quad y_0 = \sqrt{2} - 1;$$

$$y_{k+1} = \frac{1 - (1 - y_k^4)^{1/4}}{1 + (1 - y_k^4)^{1/4}};$$

$$a_{k+1} = a_k(1 + y_{k+1})^4 - 2^{2k+3}y_{k+1}(1 + y_{k+1} + y_{k+1}^2).$$

Die Folge der (a_k) konvergiert *quartisch* gegen $1/\pi$. Dieser spezielle Algorithmus wurde, zusammen mit der Salamin-Brent-Methode, von Kanada in 1999 benutzt, um π zu mehr als 206 Milliarden Stellen zu berechnen.

Wie wir schon erwähnten, wurde mit dem Aufkommen elektronischer Computer die Berechnung von mehr und mehr Stellen von π fast wie ein

Spiel betrieben. Doch wie es oft in der Mathematik der Fall ist, ist dies ein Spiel mit handfester Rendite. Die Berechnung von Milliarden Stellen von π liefert eine exzellente Methode, um neue Computerhardware und -software zu testen. Die Idee besteht darin, die Rechnung zweimal durchzuführen und dabei zwei verschiedene Algorithmen auf zwei verschiedenen Maschinen mit jeweils unterschiedlicher numerischer Software laufen zu lassen. Wenn die beiden Ergebnisse Stelle für Stelle übereinstimmen, dann kann man so sicher sein, wie es in der wirklichen Welt überhaupt nur möglich ist, dass beide Systeme korrekt laufen. Doch wenn die Antworten auch nur in einer Stelle unterschiedlich sind (Rundungsfehler in den letzten Stellen einmal ausgeschlossen), dann weiß man, dass wenigstens eine der Maschinen ein Problem hat. Die Rekordberechnungen von π durch Kanada wurden alle durchgeführt, um neue Supercomputer zu testen. (Vielleicht sollte man genauer sagen, dass dies der Grund war, warum er so viel Rechenzeit auf so teuren Maschinen zur Verfügung gestellt bekam!)

Eine andere Rendite der Rekordberechnungen von π fiel im Bereich der mathematischen Kultur ab. Viele Jahre lang wurde Studenten die Aussage „Die Folge ‚0123456789' taucht in der Dezimalentwicklung von π auf" präsentiert als Standardbeispiel einer mathematischen Aussage, die sicherlich entweder wahr oder falsch ist, für die wir aber niemals wissen werden, was nun der Fall ist. Genau diese Folge fand Kanada im Jahre 1997; sie beginnt an der Stelle 17.387.594.880. Wir geben zu – dies wird die Welt nicht verändern. Aber es ist auf jeden Fall ein nettes Ergebnis!

Das Beispiel mit der Ziffernfolge ist eigentlich ein Spezialfall einer allgemeineren Fragestellung, die sich in der Mathematik noch als wichtig erweisen könnte: nämlich ob π *normal* ist.

Eine reelle Zahl α wird als normal (zur Basis 10) bezeichnet, wenn *jede* mögliche Folge von k aufeinanderfolgenden Ziffern in ihrer Dezimalentwicklung asymptotisch mit einer Dichte von 10^{-k} auftritt. Diese Dichte wäre also für eine einzelne Dezimalziffer $1/10$, für jede Kombination aus zwei Ziffern $1/100$ und so weiter. Maßtheoretisch ausgedrückt ist bekannt, dass fast alle reellen Zahlen normal sind, jedoch wurde von noch keiner einzigen irrationalen algebraischen Zahl nachgewiesen, dass sie normal ist.

Eine Durchsicht der Dezimalziffern von π, wie sie von den Rekordjägern berechnet wurden, deutet darauf hin, dass π normal ist, aber auch das ist noch nicht bewiesen worden. (Tatsächlich sind die einzigen Zahlen, von denen man beweisen kann, dass sie normal sind, solche Zahlen, die speziell auf Normalität hin konstruiert worden sind.) Man hat demnach allenfalls schwache experimentelle Belege dafür, dass π normal ist.

Tabelle 7.1 zeigt die Statistik der ersten Billionen Dezimalziffern von π.

Wenn die Normalität von π je gezeigt wird, dann würde das sofort implizieren, dass die Dezimalentwicklung von π eine in Ziffern codierte Version der Bibel enthält (und den Koran und *Moby Dick* und tatsächlich jeden Text, der je geschrieben wurde, und sogar jeden Text mit jeder beliebigen Anzahl an Schreibfehlern). Diese Enthüllung würde unweigerlich zu einer

Ziffer	Häufigkeit
0	99999485134
1	99999945664
2	100000480057
3	99999787805
4	100000357857
5	99999671008
6	99999807503
7	99999818723
8	100000791469
9	99999854780
Gesamt	1000000000000

Tabelle 7.1 Häufigkeiten in den ersten Billionen Dezimalziffern von π.

verstörenden Wiederholung des elenden „Bibel-Code"-Unsinns führen, der vor ein paar Jahren in den Schlagzeilen war, als ein Buch diesen Titels veröffentlicht wurde, das behauptete, es seien versteckte Botschaften von Gott im Text der Bibel enthalten.

Untersuchungen

1. *Schnelle Arithmetik.* Bevor Sie π mit höchster Genauigkeit berechnen können, müssen Sie zuerst einen hoch- oder beliebiggenauen Rechner für vier Funktionen bauen ($\pm \times \div \sqrt{}$). Nur Addition und Subtraktion werden durch die bekannte Schulmethode effizient ausgeführt. Die Komplexität der Multiplikation von zwei Zahlen mit n Stellen kann durch die *schnelle Fourier-Transformation* (FFT), die im Jahre 1963 entdeckt wurde, von $O(n^2)$ auf ungefähr $O(n \log n)$ reduziert werden. Wir werden nicht versuchen, die FFT hier zu erklären, aber wir wollen erwähnen, dass ihre Einführung das Rechnen auf medizinischem und geowissenschaftlichem Gebiet revolutioniert hat, so wie auch einige andere Gebiete. Der Imperativ, „außerhalb eingefahrener Bahnen zu denken", kann illustriert werden durch die Beobachtung, dass

$$(a + c10^n)(b + d10^n)$$
$$= a \cdot b + (a \cdot d + b \cdot c)10^n + c \cdot d10^{2n}$$
$$= a \cdot b + ((a + c)(b + d) - a \cdot b - c \cdot d)10^n + c \cdot d10^{2n}$$

mit ein wenig Sorgfalt benutzt werden kann, um die Multiplikation zweier Zahlen mit $2n$ Stellen (für die „naiv" vier Multiplikationen n-stelliger

Zahlen benötigt werden) zu reduzieren auf nur drei solche Multiplikationen – wenn man ein paar zusätzliche Additionen und Subtraktionen
in Kauf nimmt sowie die Notwendigkeit, die Werte von $a \cdot b$ und $c \cdot d$ zu
speichern. Diese sogenannte *Karatsuba-Multiplikation* verhält sich wie
$O(n^{\log_2 3})$ anstatt $O(n^2)$. Da $\log_2 3 \approx 1,584962501$ ist, bedeutet das eine
wesentliche Einsparung, gelegentlich sogar schon für Zahlen mit einigen
hundert Ziffern.

Wenn Sie einen schnellen Algorithmus zum Multiplizieren implementiert
haben, reduziert sich die Division von a durch b auf die Multiplikation
von a mit $1/b$.

(a) Implementieren Sie das Newton-Verfahren zur Lösung von $b = 1/x$.
Starten Sie das Verfahren nahe genug zur Antwort, so dass Sie die
Genauigkeit in jedem Schritt verdoppeln, und beachten Sie, dass Sie
immer nur die erste Hälfte des Ergebnisses speichern müssen, da die
zweite Hälfte überschrieben wird. Dadurch benötigen Sie nur das
Doppelte der endgültigen Genauigkeit.

(b) Lösen Sie $b = 1/\sqrt{x}$ in ähnlicher Weise.

2. *Monte-Carlo-Berechnung von π.* Den Weg für die Monte-Carlo-Simulation
bahnten Stanisław Ulam (1909–1984) und andere während des Manhat-
tan-Projektes. Sie hatten erkannt, dass man mit diesem Ansatz Simula-
tionen durchführen konnte, die jenseits der Möglichkeiten herkömmlicher Methoden auf den damals verfügbaren Computersystemen lagen.
Auch heutzutage sind Monte-Carlo-Methoden noch recht beliebt, weil sie
sich gut parallelisieren lassen. Wir erläutern die Monte-Carlo-Methode
anhand einer Anwendung zur Berechnung von π. Zwar ist sie dafür nicht
besonders gut geeignet, stellt aber eine gute Veranschaulichung für diese
allgemeine Klasse von Rechenverfahren dar.

Entwerfen und implementieren Sie eine Monte-Carlo-Simulation für π,
die darauf beruht, zufällige Zahlenpaare zu generieren, die im 2×2-
Quadrat aus Abbildung 7.1 gleichverteilt sind, um dann zu testen, ob sie
im Einheitskreis liegen.

Benutzen Sie zum Beispiel den *Pseudozufallsgenerator* $x_0 := 314159$
und $x_n := c x_{n-1} \bmod 2^{32}$ mit $c = 5^9 = 1953125$. Dieser Generator mit
Periode 2^{32} gehört zu der bekannten Klasse der *linearen Kongruenzgene-
ratoren*. Die Wahrscheinlichkeit, dass ein solches Zahlenpaar innerhalb
des Einheitskreises liegt, beträgt offensichtlich $\pi/4$, zumindest theore-
tisch, wenn auch nicht in praktischen Rechnungen.[4]

3. *Konvergenzgeschwindigkeiten.* Um dieses Beispiel nachvollziehen zu können, müssen Sie mit sehr hoher Genauigkeit rechnen. Setze $a_0 := 1/\sqrt{2}$

---

[4] Wenn Sie etwas über die derzeitig besten Methoden auf diesem Gebiet (sogenannte Quasi-
Monte-Carlo-Methoden) wissen wollen, dann sehen Sie in [Crandall und Pomerance 05,
Chapter 8] nach.

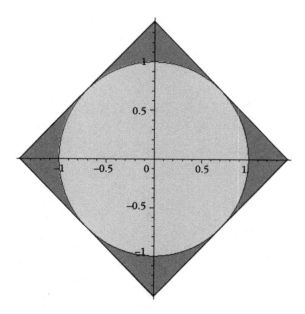

Abb. 7.1 Das 2×2-Quadrat und der Einheitskreis in der Monte-Carlo-Berechnung von π.

und definiere für $n \geq 0$:

$$a_{n+1} := \frac{1 - \sqrt{1 - a_n^2}}{1 + \sqrt{1 - a_n^2}}, \quad \omega_n := \sqrt[2^n]{4/a_{n+1}}.$$

(a) Bestimmen Sie den Grenzwert ω von ω_n und untersuchen Sie die Konvergenzgeschwindigkeit.

(b) Vergleichen Sie damit die Konvergenzgeschwindigkeit von $\sqrt[2^n]{1/a_{n+1}}$, was auch den Grenzwert ω hat.

8 Der Computer kennt mehr Mathematik als Sie

> *Dave: Öffne das Gondelschleusentor!*
> *HAL: Es tut mir Leid, Dave, aber das kann ich nicht tun.*
> *Dave: Wo liegt das Problem?*
> *HAL: Ich glaube, du weißt ebenso gut wie ich, wo das Problem liegt.*
> *Dave: Wovon redest du überhaupt, HAL?*
> *HAL: Das Unternehmen ist zu wichtig, als dass ich dir erlauben dürfte, es zu gefährden.*
> *Dave: Ich weiß wirklich nicht, wovon du sprichst.*
>
> Dialog aus dem Film
> *2001: Odyssee im Weltraum* (1968)

Wir geben zu – diese Kapitelüberschrift ist etwas provokativ. Uns ist schon klar, dass Computer unbelebte Geräte sind und eigentlich nichts „kennen" können. (Im Film dagegen schon: An einer Stelle in *2001: Odyssee im Weltraum* erklärt der Steuercomputer HAL: „Ich stelle mich ohne jede Einschränkung in den Dienst des Unternehmens. Und ich glaube, mehr kann ein verantwortungsbewusstes Gehirn nicht erreichen." Doch HAL ist Fiktion – auch wenn viele der im späten zwanzigsten Jahrhundert führenden Forscher auf dem Gebiet der Künstlichen Intelligenz berichteten, dass ihr erstes Interesse an dem Gebiet durch diesen Film geweckt wurde.)

Aber auch wenn wirkliche Computer kein Bewusstsein haben, können sie doch wesentlich mehr Information speichern als jeder Mensch, und im Allgemeinen können sie auch schneller darauf zugreifen. Ein schlauer Mensch kann daraus manchmal einen Vorteil schlagen.

Zum Beispiel stellte der berühmte Informatiker Donald Knuth den Lesern des *American Mathematical Monthly* im November 2000 die Aufgabe, den Wert der Reihe

$$S = \sum_{k=1}^{\infty} \left(\frac{k^k}{k!e^k} - \frac{1}{\sqrt{2\pi k}} \right)$$

zu finden. Einer von uns (Borwein) entschloss sich, die Aufgabe mithilfe der experimentellen Methodik zu lösen.

The computer knows more than I do? We'll see about that!

Unser erster Schritt bestand darin, den ungefähren Wert von S mithilfe von Maple zu berechnen. Mit 20 Stellen Genauigkeit gab Maple die Antwort

$$S \approx -0{,}08406950872765599646.$$

Nachdem wir diesen Wert in den ISC eingegeben hatten, erschien auf dem Bildschirm der Ausdruck

$$S \approx -\frac{2}{3} - \frac{1}{\sqrt{2\pi}} \zeta\left(\frac{1}{2}\right),$$

wobei ζ, wie zuvor, die Riemannsche Zetafunktion bezeichnet.

Da Knuth nach einer *Auswertung* seiner Reihe in geschlossener Form gefragt hatte, war seine Frage damit beantwortet, wenn auch offenblieb, ob die beiden Ausdrücke tatsächlich mathematisch identisch waren. Dies wurde schnell durch eine Auswertung auf dem Computer zu 100, und danach

fast genauso schnell zu 500 Stellen bestätigt. Demnach führte eine numerische Auswertung mit 16 Stellen zu einer Vorhersage, die mit geradezu be-
zwingender Überzeugungskraft mit einer um Größenordnungen höheren
Genauigkeit bestätigt wurde. Doch war das Ergebnis tatsächlich korrekt? Bei
der Suche nach einem analytischen Beweis hatten wir zwei Hinweise, denen
wir nachgehen konnten.

Der erste Hinweis war, dass Maple auch die hochgenauen numerischen
Auswertungen der ursprünglichen Reihe sehr schnell ausgab, obgleich diese eigentlich sehr langsam konvergiert. Offensichtlich stellte das Programm
irgendetwas sehr Schlaues mit der Reihe an, ohne dass wir dies wahrnah-
men. Wir forschten nach und fanden heraus, was das war. Das Programm
benutzte etwas, das als *Lambertsche W-Funktion* bekannt ist, nämlich

$$W(z) = \sum_{k=1}^{\infty} \frac{(-k)^{k-1}z^k}{k!},$$

was man auch als die inverse Funktion zu $w(z) = ze^z$ definieren kann. Wir
werden weiter unten etwas mehr zu dieser Funktion sagen.

Der zweite Hinweis war das Auftauchen des Ausdrucks $\zeta(1/2)$ sowie auch
eine offensichtliche Anspielung in Knuths Problem auf die Stirling-Formel

$$\lim_{k\to\infty} \sqrt{2\pi k}\frac{k^k}{k!e^k} = 1$$

(die vermutlich auch der Grund für Knuth war, sich dieses Problem auszu-
denken).

Ausgehend von diesen Hinweisen formulierten wir schließlich eine Vermutung, die sich als der Schlüssel für das Problem erweisen sollte:

$$\sum_{k=1}^{\infty}\left(\frac{1}{\sqrt{2\pi k}} - \frac{P(1/2, k-1)}{(k-1)!\sqrt{2}}\right) = \frac{1}{\sqrt{2\pi}}\zeta\left(\frac{1}{2}\right),$$

wobei $P(x, n) = x(x + 1)\dots(x + n - 1)$ das Pochhammer-Symbol ist. Maple
konnte diese Vermutung auf symbolischem Wege nachweisen, so dass wir
für die vollständige Lösung von Knuths Problem nun noch zeigen mussten,
dass

$$\sum_{k=1}^{\infty}\left(\frac{k^k}{k!e^k} - \frac{P(1/2, k-1)}{(k-1)!\sqrt{2}}\right) = -\frac{2}{3}$$

ist. Nachdem Maple so hilfreich die Relevanz der Lambertschen W-Funktion
ins Spiel gebracht hatte, wies eine Anwendung des Abelschen Grenzwertsat-
zes nun auf die mögliche Identität

$$\lim_{z\to 1}\left(\frac{\mathrm{d}W(-z/e)}{\mathrm{d}z} + \frac{1}{\sqrt{2-2z}}\right) = \frac{2}{3}$$

hin. (Der Ausdruck mit dem Pochhammer-Symbol hier und auf der linken
Seite der Schlüsselvermutung ergibt genau die Koeffizienten der Potenzreihe von $1/\sqrt{2-2z}$ um $z = 0$.)

Als Maple diese Identität ordnungsgemäß verifiziert hatte, war die Lösung vollständig.

Diese Erfahrung veranschaulicht die Zusammenarbeit zwischen Mensch
und Maschine so gut, wie man es sich nur vorstellen kann. Die Maschine
lieferte dabei „Einsicht" und „Ideen" zusätzlich zu der reinen Rechenarbeit
und dem algorithmischen Manipulieren von Formeln. Natürlich wurde dazu
auch ein Mensch benötigt, der sich auf dem Gebiet gut auskannte! Solch ein
maßgeblicher Einsatz des Computers wird in dem Maße, wie diese Art der
Forschung üblicher wird, die Herangehensweise der Mathematiker an die
Mathematik verändern.

Die Geschichte der Lambertschen W-Funktion ist interessant. Sie war
schon Johann Lambert bekannt, hatte aber nie einen Namen bekommen.
Die Bezeichnung W wurde das erste Mal im Jahre 1925 verwendet. In den
1990er Jahren wurde sie durch Gaston Gonnet gemeinsam mit Rob Corless

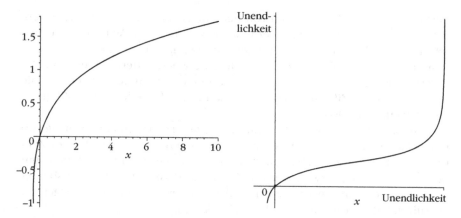

Abb. 8.1 Die Lambertsche W-Funktion: ein korrekter (*links*) und ein irreführender Plot (*rechts*).

und Dave Jeffrey in Maple eingeführt. Sie ist auch in Mathematica implementiert. Das bedeutet, dass diese Softwarepakete mehr oder weniger genauso viel über W „wissen" wie über exp oder log, auch wenn dies für ihre Benutzer ziemlich sicher nicht gilt. Wenn Sie zum Beispiel in Maple den Befehl

```
series(LambertW(x), x=0, 9)
```

eingeben, wird es Ihnen sagen, dass die Taylor-Reihe von W um den Nullpunkt gleich

```
> 1*x-1*x^2+3/2*x^3-8/3*x^4+125/24*x^5-
54/5*x^6+16807/720*x^7-16384/315*x^8+O(x^9)
```

ist, woraus Sie den geschlossenen Ausdruck für die Reihe ableiten können.

Abbildung 8.1 zeigt einen Plot der Funktion auf $[-1, 10]$ und einen irreführenden Plot auf $[-1/e, \infty]$. (Grafikroutinen haben oft Schwierigkeiten auf unbeschränkten Intervallen und fügen scheinbare Wendepunkte ein.)

Auch wenn „Lambertsche W-Funktion" kein weit verbreiteter Begriff ist, selbst in mathematischen Kreisen nicht, liefert eine Google-Suche nach diesem exakten Begriff um die 1000 Treffer. Wenn Sie nach dem englischen Begriff „Lambert W function" suchen, sind es über 10.000 Treffer; mit an erster Stelle steht

http://mathworld.wolfram.com/LambertW-Function.html,

worin Sie eine Menge an weiteren Informationen finden werden (wenn auch auf Englisch).

Eine andere Episode, in der der Computer seine mathematischen Fähigkeiten zu Schau stellen konnte, begann mit der Veröffentlichung der Ausgabe vom Januar 2002 der *SIAM News*, dem monatlichen Journal der SIAM (Society for Industrial and Applied Mathematics). In dieser Ausgabe präsentierte Lloyd N. (Nick) Trefethen von der Universität Oxford zehn Aufgaben, die er in seinen Vorlesungen über moderne Numerische Analysis für fortgeschrittene Studenten verwendet hatte. Die Lösung jeder Aufgabe war, wie er schrieb, eine reelle Zahl. Die Leser waren herausgefordert, die ersten zehn Ziffern jeder Zahl zu berechnen. Als Preis bot Trefethen denjenigen, die die meisten richtigen Ziffern einsandten, einen Dollar für jede richtige Ziffer an, also maximal 100 Dollar.

Insgesamt 94 Teams aus 25 Ländern sandten Lösungen ein. Zwanzig von ihnen hatten die volle Lösung mit 100 richtigen Ziffern. Zu diesem Zeitpunkt sprang ein zunächst unbekannter Spender ein, um Trefethen mit den für ihn total unerwarteten 2000 Dollar auszuhelfen, die er ausbezahlen musste. (Er hatte ursprünglich erklärt: „Wenn irgendjemand insgesamt 50 Ziffern hat, werde ich schon beeindruckt sein.")

Hier ist das neunte Problem auf Trefethens Liste:

Das Integral

$$I(\alpha) = \int_0^2 [2 + \sin(10\alpha)]\, x^\alpha \sin\left(\frac{\alpha}{2-x}\right)\,dx$$

hängt von dem Parameter α ab. Für welchen Wert von $\alpha \in [0, 5]$ nimmt $I(\alpha)$ sein Maximum an?

Wir (und mehrere andere Teilnehmer auch) entschieden uns, das Problem dadurch anzugehen, dass wir zunächst einmal nachsahen, ob Maple etwas über das Integral wüsste. Und das tat es tatsächlich! Was wir nicht gewusst hatten (und Sie wahrscheinlich auch nicht), war, dass man den gesuchten Parameter, der das Integral maximiert, geschlossen ausdrücken kann unter Verwendung von etwas, das *Meijersche G-Funktion* heißt. Was das sein soll, fragen Sie? Nun, es gibt sicherlich schlechtere Möglichkeiten, als bei Maple nachzuschlagen, und wenn Sie das tun, wird es Ihnen antworten, dass die Meijersche *G*-Funktion als inverse Laplace-Transformation definiert ist:

```
The Meijer G function is defined by the inverse
               Laplace transform

MeijerG([as,bs],[cs,ds],z)
            /
     1      |    GAMMA(1-as+y) GAMMA(cs-y)   y
  = -----   0   ----------------------------- z  dy
    2 Pi I  |    GAMMA(bs-y) GAMMA(1-ds+y)
            /
            L
where
    as = [a1,...,am], GAMMA(1-as+y) = GAMMA(1-a1+y) ...
       GAMMA(1-am+y)
    bs = [b1,...,bn], GAMMA(bs-y) = GAMMA(b1-y) ...
       GAMMA(bn-y)
```

```
cs = [c1,...,cp], GAMMA(cs-y) = GAMMA(c1-y) ...
   GAMMA(cp-y)
ds = [d1,...,dq], GAMMA(1-ds+y) = GAMMA(1-d1+y) ...
   GAMMA(1-dq+y)
```

Als Konsequenz aus dieser Entdeckung und ähnlichen Entdeckungen für die anderen Probleme ergaben sich Lösungen für alle zehn der Aufgaben von Trefethen, die man auf Hunderte von Stellen bestimmen kann, ja, für alle bis auf eines sind die Lösungen sogar auf 10.000 Stellen bekannt. Es gibt ein wunderbares Buch von Folkmar Bornemann, Dirk Laurie, Stan Wagon und Jörg Waldvogel mit dem Titel *Vom Lösen numerischer Probleme: Ein Streifzug entlang der „SIAM 10 × 10-Digit Challenge"* [Bornemann et al. 06], das die verschiedenen Lösungstechniken für alle diese Aufgaben im Detail beschreibt. Eine geschickte Verwendung der „drei Ms" führte fast ausnahmslos zu einer Lösung und darüber hinaus bei sieben der Probleme auch zu einem Beweis der Korrektheit! Dies wirft ein helles Licht auf den sich ändernden Charakter moderner numerischer Analysis. Sie ist nicht mehr bloß „die Wissenschaft der Rundungsfehler", wie sie früher manchmal etwas geringschätzig beschrieben wurde.

Bevor wir unser letztes Beispiel für eine Situation skizzieren, in der ein Softwarepaket wesentlich mehr „weiß" als sein Anwender, müssen wir erst das *elliptische Integral*

$$K(k) = \int_0^{\pi/2} \frac{1}{\sqrt{1 - k^2 \sin^2 \phi}} \, d\phi$$

einführen. Es handelt sich genauer gesagt um ein „vollständiges elliptisches Integral erster Art". Dieser Name ist deshalb entstanden, weil solche Integrale auftauchen, wenn man die Bogenlänge einer Ellipse bestimmt.

Studenten der Physik begegnen elliptischen Integralen oft dann zum ersten Mal, wenn sie das einfache Pendel analysieren. Die Periode p eines Pendels mit Amplitude α und Länge L wird durch die Formel

$$p = 4\sqrt{\frac{L}{g}} K\left(\sin\left(\frac{\alpha}{2}\right)\right)$$

gegeben, und für kleine Winkel ($\sin(\alpha) \approx \alpha$) kann man $K(\sin(\alpha/2))$ durch $\pi/2$ annähern.

Doch wir schweifen ab. Unser jetziges Interesse an elliptischen Integralen kam durch die folgende Funktion zustande:

$$D(y) = \frac{4y K\left(\sqrt{\frac{(1-3y)(1+y)^3}{(1+3y)(1-y)^3}}\right)}{\sqrt{(1 + 3y)(1 - y)^3}}.$$

Diese Funktion taucht auf ganz natürliche Weise auf, wenn Physiker den Zerfall von Teilchen in Quantenfeldtheorien untersuchen. Wie viele der Gleichungen, die aus der Physik stammen, sieht auch diese ziemlich kompliziert aus, und Sie sollten sich geistig darauf vorbereiten, dass die nächsten Seiten einige Ausdrücke enthalten, die sogar noch „symbollastiger" sind. Doch halten Sie durch; es wird zwar eine wilde Fahrt, aber es wird sich lohnen.

Auch wenn die Funktion $D(y)$ viele geschlossene Auswertungen zulässt, wie zum Beispiel

$$\int_0^{1/3} \frac{D(y)}{1-y^2}\, dy = \frac{\pi^2}{16},$$

ist sie selbst eher widerspenstig. Warum suchen wir also nicht Hilfe beim Computer und bitten Maple, eine gewöhnliche Differenzialgleichung für D zu finden?

Maple hat kein Problem mit dieser Anfrage, da es in dem Paket `gfun` eine Funktion `holexprtodiffeq` gibt, die als Eingabe einen holonomen Ausdruck annimmt. „Was für einen Ausdruck?", werden Sie jetzt rufen! Die Help-Funktion von Maple wird Ihnen verraten, dass dies in einem gewissen Sinne einfache Ausdrücke sind. Die hypergeometrische Darstellung von D ist solch ein Ausdruck. Diese Darstellung erhalten Sie, wenn Sie den Maple-Befehl `convert(D(y),hypergeom)` eingeben. Die Funktion `holexprtodiffeq` gibt Ihnen nun eine gewöhnliche Differenzialgleichung zweiter Ordnung zurück, die wir im Folgenden mit DE2 bezeichnen werden.

Ein sinnvoller nächster Schritt besteht darin, den Computer um eine Lösung von DE2 zu bitten. Immer noch rein symbolisch arbeitend, antwortet Maples `dsolve`-Routine, dass DE2 von der HeunG-Funktion gelöst wird. Jetzt hat Maple es schon wieder getan! Was um alles in der Welt ist die HeunG-Funktion? Es stellt sich heraus, dass dies eine relativ moderne, vielseitig anwendbare Verallgemeinerung der hypergeometrischen Funktion mit einer sogar noch moderneren (und sehr effektiven) Implementation in Maple ist. Sie haben vermutlich noch nie davon gehört, doch Maple weiß alles darüber. Die Help-Funktion von Maple sagt dazu:

> Die Heunsche Gleichung ist eine Erweiterung der *2F1-hypergeometrischen Gleichung* in dem Sinne, dass sie eine Fuchssche Differenzialgleichung mit vier regulären *singulären Punkten* ist. Die 2F1-Gleichung hat drei reguläre Singularitäten. Die **HeunG**-Funktion enthält daher als Spezialfälle alle Funktionen der *hypergeometrischen 2F1-Klasse*
>
> [und noch viel mehr ...].

Die Lösung besitzt mehrere Verzweigungen, und nach einigen weiteren Mensch-Maschine-Interaktionen wird man schließlich die Identität

$$D(y) = \frac{3\sqrt{3}\pi y}{2}\, \text{HeunG}(-8, -2; 1, 1, 1, 1; 1 - 9y^2)$$

entdecken.

Zeit für eine kurze Bestandsaufnahme. Wir sind bei einer Definition gestartet, die zwar etwas kompliziert aussah, aber wenigstens nur vertraute

Operationen wie Integrale und Wurzeln enthielt. Und dann haben wir diese Definition durch eine Funktion ersetzt, von der wir noch nie gehört hatten, bevor der Computer sie ausgespuckt hatte. Es sieht so aus, als hätten wir ein schweres Problem durch ein noch schwereres ersetzt. Aber denken Sie dran: Der Computer ist immer noch da und wartet ungeduldig darauf, weiterzumachen. Er benötigt nur ein wenig Anleitung von dem einen oder anderen aufmerksamen Menschen, dem vielleicht eine Ähnlichkeit zu einer anderen Situation auffällt, und schon kann es weitergehen! In diesem Fall besteht eine Ähnlichkeit mit der verwandten Funktion

$$\tilde{D}(y) = \frac{K\left(\sqrt{\frac{16y^3}{(1+3y)(1-y)^3}}\right)}{\sqrt{(1+3y)(1-y)^3}}.$$

Diese kann explizit mithilfe des arithmetisch-geometrischen Mittels (AGM) dargestellt werden. Das AGM taucht früher oder später immer auf, wenn man sich mit elliptischen Integralen beschäftigt (siehe auch Kapitel 1). Es ist definiert als der gemeinsame Grenzwert der beiden Folgen (a_n), (b_n), die durch

$$a_0 = a; \quad b_0 = b;$$

$$a_{n+1} = (a_n + b_n)/2; \quad b_{n+1} = \sqrt{a_n b_n}$$

gegeben sind. Die elegante, symmetrische und schnell berechenbare Darstellung lautet nun

$$\tilde{D}(y) = \frac{\pi}{2} \cdot 1/\text{AGM}\left(\sqrt{(1-3y)(1+y)^3}, \sqrt{(1+3y)(1-y)^3}\right).$$

Als Borwein und Broadhurst diese Untersuchungen durchführten, bestand der Grund, ihre Aufmerksamkeit dieser Variante der ursprünglichen D-Funktion zuzuwenden, darin, dass auch diese mithilfe der mysteriösen HeunG-Funktion ausgedrückt werden kann, was wiederum zu einer Reihenentwicklung führt:

$$\tilde{D}(y) = \frac{\pi}{2} \text{HeunG}(9, 3; 1, 1, 1, 1; 9y^2) = \frac{\pi}{2} \sum_{k=0}^{\infty} a_k y^{2k}.$$

In diesem Fall identifizierten Borwein und Broadhurst die Koeffizienten der Potenzreihe zunächst mithilfe von Sloanes Enzyklopädie, die ihnen mitteilte, dass

$$a_k = \sum_{j=0}^{k} \binom{k}{j}^2 \binom{2j}{j}$$

ist. Die Folge (a_k), die mit 1, 3, 15, 93, 639, ... beginnt, kann unter der Nummer A2893 in der Datenbank gefunden werden. Die Zahlen werden *Hexagonalzahlen* genannt, da sie eine Rolle spielen, wenn es um bienenwabenförmige Strukturen geht, sie tauchen aber auch in einer überraschenden Anzahl an anderen interessanten Stellen auf.

Die Entdeckung des Zusammenhangs mit $\tilde{D}(y)$ führte zu einer beträchtlichen Menge an Forschungsergebnissen, sowohl in Quantenfeldtheorie als auch in statistischer Mechanik (in Zusammenhang mit Greenschen Funktionen auf Gittern). Eine beachtliche Ernte *innerhalb der Mathematik* war die Auswertung von fünf rationalen Reihen, die sich mithilfe von elliptischen Integralen an sogenannten Singulärwerten ausdrücken ließen. Singulärwerte elliptischer Integrale sind algebraische Zahlen k_r, die die Gleichung

$$K\left(\sqrt{1-k_r^2}\right) = \sqrt{r}K(k_r)$$

erfüllen.

Hier sind die fünf Resultate:

$$\sum_{k=0}^{\infty} \frac{\binom{2k}{k}}{(-108)^k} a_k = \frac{6}{\pi^2}\left(3\sqrt{3} - \sqrt{21}\right) K\left(k_{21}\right) K\left(k_{7/3}\right),$$

$$\sum_{k=0}^{\infty} \frac{\binom{2k}{k}}{(-396)^k} a_k = \frac{6}{\pi^2}\left(3\sqrt{33} - 5\sqrt{11}\right) K\left(k_{33}\right) K\left(k_{11/3}\right),$$

$$\sum_{k=0}^{\infty} \frac{\binom{2k}{k}}{(-2700)^k} a_k = \frac{30}{\pi^2}\left(3\sqrt{57} - 13\sqrt{3}\right) K\left(k_{57}\right) K\left(k_{19/3}\right),$$

$$\sum_{k=0}^{\infty} \frac{\binom{2k}{k}}{(-24300)^k} a_k = \frac{90}{\pi^2}\left(39\sqrt{3} - 7\sqrt{93}\right) K\left(k_{93}\right) K\left(k_{31/3}\right),$$

$$\sum_{k=0}^{\infty} \frac{\binom{2k}{k}}{(-1123596)^k} a_k = \frac{69}{8\pi^2}\left(\sqrt{3} - 1\right)^9 \sqrt{59}K\left(k_{177}\right) K\left(k_{59/3}\right).$$

Tatsächlich gibt es auch alternative Auswertungen dieser fünf Reihen mithilfe von Gammafunktionen, aber um Symbole einzusparen, führen wir diese Auswertungen hier nicht auf.

Und damit schließt sich der Kreis. Einige wirklich unerwartete Auswertungen von Reihen sind aus einer physikalisch motivierten, computerunterstützten Analyse herausgepurzelt. Stellen Sie sich nur vor, jemand käme zu Ihnen und bäte Sie, beispielsweise die letzte der obigen Reihen auszuwerten, ohne Ihnen weitere Hinweise zu geben!

Untersuchungen

Wenn in einem Computeralgebrasystem eine neue Methode implementiert wird, um ein bestimmtes mathematisches Objekt zu berechnen, dann steckt meistens mehr dahinter, als dass Spock einfach sagt: „Computer, berechne mir den Wert von π bis zur letzten Stelle!" Deshalb ist das Ermitteln der einzelnen Schritte (was die Erziehungswissenschaftler als das „Auspacken des Konzepts" bezeichnen) oft eine Möglichkeit, mehr zu erfahren.

1. *Die Psi-Funktion.* Betrachten wir nochmals die Reihe

$$\zeta(2,1) = \sum_{n=1}^{\infty} \frac{\sum_{k=1}^{n-1} \frac{1}{k}}{n^2},$$

die wir in den „Untersuchungen" von Kapitel 4 einführten. Wenn Sie dies in Maple oder Mathematica eintippen, werden Sie (abhängig von der Version) den Ausdruck entweder unausgewertet zurückerhalten, oder das Programm wird als eine von mehreren möglichen Antworten etwas ausgeben wie

$$\zeta(2,1) = \sum_{n=1}^{\infty} \frac{\Psi(n) + \gamma}{n^2}.$$

Wenn dies passiert, zeigt Ihnen das Programm damit, dass es die Psi-Funktion „kennt" (diese ist die logarithmische Ableitung der Gamma-funktion, also $\Gamma'(x)/\Gamma(x)$) und dass es zur Darstellung der Summe eine Form des Teleskopierens anwendet sowie die Identität $\Psi(n+1) - \Psi(n) = 1/n$.

Dies bedeutet eine wesentlich effektivere Methode zur Berechnung großer harmonischer Summen als „blinde" Addition. Wenn Sie zum Beispiel $\sum_{n=1}^{N} (\Psi(n) + \gamma)/n^2$ numerisch auswerten, können Sie $\zeta(3)$ bis auf eine Genauigkeit von etwa $1/N$ abschätzen. Dies zeigt Möglichkeiten auf, allgemeinere harmonische Summen numerisch in den Griff zu bekommen.

2. *Was ist κ?* Jemand gibt Ihnen den Ausdruck

$$\kappa := \sqrt{2}\frac{e^{\sqrt{2}} + 1}{e^{\sqrt{2}} - 1},$$

dessen Dezimalentwicklung mit 2,322726139... beginnt und der die Kettenbruchentwicklung $[2, 3, 10, 7, 18, 11 ...]$ hat. Sie wollen mehr über κ erfahren. Was tun Sie?

9 Treib es bis zum Limit!

So stell mich auf den Highway
Und zeig mir ein Zeichen
Und treib es bis zum Limit noch ein weit'res Mal

Treib es bis zum Limit
Treib es bis zum Limit
Treib es bis zum Limit noch ein weit'res Mal

The Eagles

Am Anfang (das heißt, im ersten Semester Mathematik) gibt es Algebra und Analysis. Analysis, so lernt es der beginnende Mathematiker, ist Algebra mit Grenzwerten. Algebra erscheint, zumindest in diesem frühen Stadium, einfach; Analysis dagegen ist von Anfang an schwierig – gerade wegen dieser Grenzwerte. Wie schon aus dem Namen ersichtlich, sind Computeralgebrasysteme wie Mathematica oder Maple darauf ausgelegt, Algebra zu betreiben. Sie können auch mit Differenzialrechnung umgehen, weil die hauptsächlich auf algebraischen Manipulationen beruht, die nach festen Regeln durchgeführt werden. Aber versteht ein Computeralgebrasystem auch Analysis, das Fach, das die Motorhaube der Differenzialrechnung öffnet und erklärt, wie sie funktioniert? Der Kern dieser Frage lautet letztlich: Wie gut kann ein Computeralgebrasystem mit Grenzwerten umgehen? Und wieder allgemeiner gefragt: Können die Methoden der Experimentellen Mathematik uns bei den grundlegenden Fragestellungen der Analysis helfen, also beim Umgang mit Folgen und Reihen? Wie wir sehen werden, lautet die Antwort, dass Computeralgebrasysteme und die Methoden der Experimentellen Mathematik eine beträchtliche Hilfe darstellen können, wenn es um eine unendliche Folge, eine unendliche Reihe oder ein unendliches Produkt geht.

Was die Analyse von Folgen mit ganzzahligen Werten betrifft, so besteht der übliche Ansatz der Experimentellen Mathematik darin, hinreichend viele der ersten paar Werte zu berechnen, so dass ein Hilfsmittel wie Sloanes Enzyklopädie eine plausibel aussehende Formel zurückgeben kann, und dann zu versuchen, diese (oft mittels Induktion) zu beweisen. Nehmen wir zum

Beispiel an, dass Sie sich mit der Folge (u_n) konfrontiert sehen, die durch die Rekursion

$$u_0 = 2,$$

$$u_{n+1} = \frac{2u_n + 1}{u_n + 2}$$

definiert ist, und dass Sie eine Formel für u_n finden wollen. Zunächst beginnen Sie zu rechnen. Die ersten paar Zähler sind

2, 5, 14, 41, 122, 365, 1094, 3281, 9842, 29525, 88574,

und die Nenner sind immer um 1 kleiner. Sloanes Datenbank erkennt die Folge der Zähler als $(3^n + 1)/2$, so dass

$$u_n = \frac{3^{n+1} + 1}{3^{n+1} - 1}.$$

Natürlich beruht diese Formel nur auf dem Vergleich einiger numerischer Werte. Aber nachdem Sie die Formel nun kennen, können Sie sie leicht durch Induktion beweisen.

Wenn es um den Wert einer unendlichen Reihe geht, besteht der übliche Ansatz der Experimentellen Mathematik darin, genügend Terme numerisch aufzusummieren und das Ergebnis dann mit einem Hilfsmittel wie dem ISC oder dem PSLQ-Algorithmus zu identifizieren. Beispielsweise haben David und Gregory Chudnovsky mit dieser Methode Auswertungen für die folgenden Reihen gefunden:

$$\sum_{n=0}^{\infty} \frac{50n - 6}{2^n \binom{3n}{n}} = \pi,$$

$$\sum_{n=0}^{\infty} \frac{2^{n+1}}{\binom{2n}{n}} = \pi + 4,$$

$$\sum_{n=0}^{\infty} \frac{(4n)!(1 + 8n)}{3^{2n+1}4^{4n}n!^4} = \frac{2}{\pi\sqrt{3}},$$

$$\sum_{n=1}^{\infty} \frac{\binom{2n}{n}}{n^2 4^n} = \frac{\pi^2}{6} - 2\log^2 2$$

(und noch eine ganze Menge mehr nach ähnlichem Muster).

Gelegentlich ist ein Computeralgebrasystem sogar einfach „zu schlau", indem es ein Resultat liefert, das dem menschlichen Benutzer wenig nützt. Doch mit ein wenig Scharfsinn können Sie die Situation retten. Angenommen, Sie stehen zum Beispiel vor der Aufgabe, das unendliche Produkt

$$\prod_{n=2}^{\infty} \frac{n^3 - 1}{n^3 + 1}$$

auszuwerten. Mathematica gibt einen Ausdruck zurück, der die Gammafunktion enthält, während Maple die Antwort 2/3 gibt. Auch wenn Maples Antwort zweifellos einfacher ist (und wie!), sind Sie in beiden Fällen kein bisschen klüger, wenn Sie verstehen wollen, was da vor sich geht. Zum besseren Verständnis können Sie versuchen, das endliche Produkt auszuwerten und dann den Grenzwert zu nehmen. Wenn Sie das mit Maple tun, werden Sie eine Antwort bekommen, die die Gammafunktion enthält und die sich zu

$$\prod_{n=2}^{N} \frac{n^3 - 1}{n^3 + 1} = \frac{2}{3} \frac{N^2 + N + 1}{N(N + 1)}$$

vereinfachen lässt. Wenn Sie eine Weile auf diese Antwort starren, werden Sie schließlich auf die Idee des Teleskopierens kommen (also des Kürzens aufeinanderfolgender Terme), und dann sind Sie schnell bei der folgenden Herleitung:

$$\prod_{n=2}^{N} \frac{n^3 - 1}{n^3 + 1} = \prod_{n=2}^{N} \frac{(n - 1)(n^2 + n + 1)}{(n + 1)(n^2 - n + 1)}$$

$$= \frac{\displaystyle\prod_{n=0}^{N-2} (n + 1) \quad \prod_{n=2}^{N} (n^2 + n + 1)}{\displaystyle\prod_{n=2}^{N} (n + 1) \quad \prod_{n=1}^{N-1} (n^2 + n + 1)}$$

$$= \frac{2}{N(N + 1)} \cdot \frac{N^2 + N + 1}{3} \to \frac{2}{3}.$$

Also das ist es, was dahinter steckt! Interessehalber merken wir an, dass das scheinbar einfachere Produkt mit Quadraten anstelle der dritten Potenzen einen transzendenten Wert hat:

$$\prod_{n=2}^{\infty} \frac{n^2 - 1}{n^2 + 1} = \frac{\pi}{\sinh \pi}.$$

(Maple gibt direkt diese Antwort; Mathematica gibt wiederum einen Ausdruck zurück, der die Gammafunktion enthält.) Es ist eine schöne Herausforderung zu ermitteln, was bei den vierten Potenzen passiert.

Manchmal hilft es, mit dem Computer eine Funktion zu plotten. Das folgende Problem zum Beispiel erschien 2001 im *American Mathematical Monthly*, Band 108: Definiere eine Folge von Summen von Brüchen (a_n), indem $a_1 = 1$ gesetzt und dann a_{n+1} dadurch erzeugt wird, dass jeder Bruch $1/d$ in a_n durch $1/(d + 1) + 1/(d^2 + d + 1)$ ersetzt wird. Die Folge geht also so los:

$$a_2 = \frac{1}{2} + \frac{1}{3}, \quad a_3 = \frac{1}{3} + \frac{1}{7} + \frac{1}{4} + \frac{1}{13},$$

$$a_4 = \frac{1}{4} + \frac{1}{13} + \frac{1}{8} + \frac{1}{57} + \frac{1}{5} + \frac{1}{21} + \frac{1}{14} + \frac{1}{183}.$$

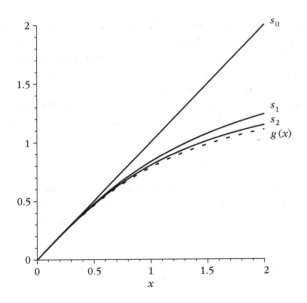

Abb. 9.1 Der für die Lösung des Problems im *Monthly* entscheidende Funktionsgraph.

Die Frage lautet: Was ist der Grenzwert dieser Folge?

Der Trick besteht darin, die Funktionen $s_n(x)$ zu betrachten, die für positive reelle Zahlen x definiert sind durch[1]

$$s_0(x) = \frac{1}{x}; \quad s_{n+1}(x) = s_n(x+1) + s_n(x^2 + x + 1).$$

Klar ist, dass $a_n = s_{n-1}(1)$ ist. Wenn wir die $s_n(x)$ plotten, sehen sie aus wie reziproke Funktionen. Wenn wir stattdessen die Funktionen $s_n(1/x)$ plotten, erscheint eine Folge, die schnell gegen eine glatte, monoton steigende Funktion konvergiert, welche wir mit $g(x)$ bezeichnen, wie in Abbildung 9.1 gezeigt. (Die Konvergenzgeschwindigkeit können wir prüfen, indem wir beispielsweise $s_{24}(1/x)$ mit $s_{25}(1/x)$ vergleichen, die auf vier Dezimalstellen übereinstimmen.) Was ist die Funktion $g(x)$?

Wenn wir uns die numerischen Werte anschauen, die für die Zeichnung berechnet wurden, stellen wir fest, dass $g(x) = \lim_{n\to\infty} s_n(1/x)$ zwar an der Stelle 0 nicht definiert ist, dass aber anscheinend $\lim_{x\to 0} g(x) = 0$ gilt (siehe Abbildung 9.1).

Es sieht auch so aus, als ob $g'(0) = 1$, $g(1) \approx 0,7854$ und $g'(1) = 1/2$ sind. Der Wert 0,7854 ähnelt verdächtig einer Approximation an $\pi/4$. Sollte etwa $g(x) = \arctan(x)$ sein?

---

[1] Dies ist wesentlich einfacher, wenn man mit einem Computeralgebrasystem arbeitet, als ohne. Wir betrachten die Funktionen anstelle der Zahlen, und für eine Weile wenigstens kann das System diese Funktionen fröhlich iterieren.

Nun, das wäre sicherlich einen Versuch wert. Setze $f(x) = \arctan(1/x)$ für $x > 0$. Indem wir den Additionssatz für den Tangens anwenden, erhalten wir

$$\tan\left[f(x+1) + f(x^2 + x + 1)\right] = \frac{\frac{1}{x+1} + \frac{1}{x^2+x+1}}{1 - \frac{1}{x+1}\frac{1}{x^2+x+1}} = \frac{1}{x} = \tan\left[f(x)\right].$$

Also erfüllt $f(x)$ die Gleichung $f(x) = f(x+1) + f(x^2 + x + 1)$. Aha! Um die Lösung abzuschließen, müssen wir jetzt nur noch zeigen, dass $s_n(x)$ punktweise gegen $f(x)$ konvergiert.

Als ersten Schritt überprüfen wir, dass die Funktion $E(x) = 1/(xf(x))$ streng monoton gegen 1 fällt, wenn x gegen unendlich geht. Durch Ableiten reicht es zu zeigen, dass $-\arctan(x) + x/(x^2 + 1) < 0$ ist. Doch dies folgt aus der Tatsache, dass $-\arctan(x) + x/(x^2 + 1)$ streng monoton fällt (die Ableitung ist $-2x^2/(x^2 + 1)^2$) und bei der 0 startet, wenn $x = 0$ ist.

Der nächste Schritt besteht darin zu zeigen, dass

$$f(x) \le s_n(x) \le f(x)E(x+n) \tag{9.1}$$

für alle $x > 0$ gilt. Dafür benutzen wir die vollständige Induktion. Für $n = 0$ ist dies bloß die Ungleichung $xf(x) \le 1$, die wir gerade bewiesen haben. Wenn wir die Ungleichung (9.1) für ein $n > 0$ voraussetzen, können wir daraus

$$f(x+1) \le s_n(x+1) \le f(x+1)E(x+n+1)$$

folgern sowie, mit der Monotonie von E,

$$f(x^2 + x + 1) \le s_n(x^2 + x + 1) \le f(x^2 + x + 1)E(x^2 + x + 1 + n)$$
$$\le f(x^2 + x + 1)E(x + n + 1).$$

Wenn wir dies beides aufaddieren und die Funktionalgleichung für f benutzen, erhalten wir die Ungleichung (9.1) für $n + 1$.

Damit ist der Beweis vollendet, und nun wissen wir, dass $a_n \to \pi/4$. Dafür können wir uns doch sicherlich auf die Schulter klopfen!

Zum Abschluss werfen wir noch einen Blick auf eine Arbeit von Borwein und Roland Girgensohn. Sie untersuchten eine Familie unendlicher binomischer Reihen der Form

$$b(k) = \sum_{n=1}^{\infty} \frac{n^k}{\binom{2n}{n}}$$

für natürliche Zahlen $k \ge 0$. Dabei benutzten sie experimentelle Techniken, um geschlossene Darstellungen für diese Reihen herzuleiten.

Der Schlüssel ist die Beobachtung, dass die Reihen durch Integrale mit Polylogarithmen

$$Li_p(z) = \sum_{n=1}^{\infty} \frac{z^n}{n^p}$$

(wie wir sie bereits in Kapitel 5 kennengelernt haben) dargestellt werden
können.

Wir beginnen mit etwas, was (Eulersche) Betafunktion genannt wird und
durch

$$\beta(x,y) = \int_0^1 t^{x-1}(1-t)^{y-1}dt$$

definiert ist. Für $x, y > 0$ kann diese Funktion auch einfach als

$$\beta(x,y) = \frac{\Gamma(x)\Gamma(y)}{\Gamma(x+y)}$$

geschrieben werden. (Als nette Folgerung ergibt sich daraus, dass $\Gamma(1/2) = \sqrt{\pi}$ ist.) Diese Schreibweise ist sehr nützlich, um die Kehrwerte von Binomialkoeffizienten darzustellen. Wenn wir insbesondere

$$\frac{1}{\binom{2n}{n}} = (2n+1)\beta(n+1,n+1) = n\beta(n,n+1)$$

schreiben, entdecken wir, dass

$$b(k) = \int_0^1 \left(Li_{-k}(x(1-x)) + 2Li_{-k-1}(x(1-x))\right)dx$$

$$= \int_0^1 \frac{Li_{-k-1}(x(1-x))}{x} dx \tag{9.2}$$

ist. Für festes k lässt sich dieses Integral leicht symbolisch in Maple berechnen (und mit etwas mehr Aufwand auch in Mathematica).

Es ist klar, dass $Li_{-k}(x)$ eine rationale Funktion ist, so dass es in Partialbruchdarstellung geschrieben werden kann:

$$Li_{-k}(x) = \sum_{j=1}^{k+1} \frac{c_j^k}{(x-1)^j}.$$

Da $xdLi_{-k}(x)/dx = Li_{-k-1}(x)$ ist, erhalten wir die Rekursion

$$c_j^k = -(jc_j^{k-1} + (j-1)c_{j-1}^{k-1}). \tag{9.3}$$

Wenn wir jetzt

$$M(k,x) = Li_{-k}(x) + 2Li_{-k-1}(x)$$

setzen, können wir leicht bestätigen, dass die Koeffizienten des Partialbruchs von M der Rekursion (9.3) folgen, wobei die Anfangsbedingungen durch $c_1^0 = 1$, $c_2^0 = 2$, sonst $c_j^0 = 0$ gegeben sind. Wir können dann ein Computeralgebrasystem einsetzen, um zu zeigen, dass

$$c_j^k = \frac{(-1)^{k+j}}{j} \sum_{m=1}^j (-1)^m (2m-1)m^{k+1}\binom{j}{m}$$

gilt. (Der schwierige Teil besteht darin, überhaupt auf diese Formel zu kommen; der Beweis ist dann keine besondere Herausforderung mehr und könnte von Hand durchgeführt werden.)

Demnach ist das Integral in (9.2) von der Form

$$b(k) = \sum_j c_j^k \int_0^1 (1 - x(1 - x))^{-j} dx,$$

so dass wir eine Rekursion benötigen für

$$d(j) = \int_0^1 (1 - x(1 - x))^{-j} dx.$$

Wir berechnen die ersten paar Fälle und stellen fest, dass $d(j)$ eine rationale Linearkombination von 1 und $\pi/\sqrt{3}$ ist. Deshalb macht es Sinn, nach einer Rekursion mit drei Termen für d zu suchen. Wir benutzen einen Integerrelationsalgorithmus, um eine Relation zwischen $d(p)$, $d(p + 1)$ und $d(p + 2)$ für $0 \leq p \leq 4$ zu suchen. Als Ergebnis erhalten wir die Relationen

$$[2, 2, -3], \quad [-2, 9, -6], \quad [6, -16, 9], \quad [-10, 23, -12], \quad [14, -30, 15].$$

Offensichtlich ist $d(0) = 1$, $d(1) = 2\pi/3\sqrt{3}$ und

$$(4p - 10)d(p - 2) - (7p - 12)d(p - 1) + (3p - 3)d(p) = 0 \qquad (9.4)$$

für $p \geq 2$. Nachdem wir nun die Rekursion gefunden haben, können wir sie beweisen, indem wir das unbestimmte Integral von 0 bis t betrachten, das sowohl Mathematica als auch Maple fröhlich berechnen können. Dann müssen wir nur noch nachweisen, dass das Integral eine Nullstelle bei $t = 1$ hat. Konkret: Wenn wir die Integrale in (9.4) kombinieren, erhalten wir

$$\int_0^t \left(\frac{4p - 10}{(1 - x(1 - x))^{p-2}} - \frac{7p - 12}{(1 - x(1 - x))^{p-1}} + \frac{3p - 3}{(1 - x(1 - x))^p} \right) dx$$
$$= -\frac{(2t - 1)(t - 1)t}{(1 - t + t^2)^{p-1}},$$
$$(9.5)$$

und wenn wir diesen letzten Ausdruck wieder ableiten und vereinfachen, erhalten wir wie gewünscht den Integranden zurück. Da die rechte Seite von (9.5) eine Nullstelle bei $t = 1$ hat, sind wir fertig. (Tatsächlich können die $d(j)$ auch explizit berechnet werden.)

Damit ist bewiesen, dass

$$b(k) = p_k + q_k \frac{\pi}{\sqrt{3}}$$

gilt mit einfach und explizit berechenbaren Rationalzahlen p_k, q_k. Die ersten drei Reihen sind

$$\sum_{n=1}^{\infty} 1/\binom{2n}{n} = \frac{1}{3} + \frac{2}{9}\frac{\pi}{\sqrt{3}},$$

$$\sum_{n=1}^{\infty} n/\binom{2n}{n} = \frac{2}{3} + \frac{2}{9}\frac{\pi}{\sqrt{3}},$$

$$\sum_{n=1}^{\infty} n^2/\binom{2n}{n} = \frac{4}{3} + \frac{10}{27}\frac{\pi}{\sqrt{3}}.$$

Cool, nicht wahr?

*Treib es bis zum Limit, treib es bis zum Limit, treib es bis zum Limit noch
ein weit'res Mal ...*

Uneasy riders
crossing the limit

Untersuchungen

1. *Grenzwerte finden.*

    (a) Es sei $a_0 = 0$, $a_1 = 1/2$ und

    $$a_{n+1} = \frac{1 + a_n + a_{n-1}^3}{3}$$

    für $n > 1$. Bestimmen Sie den Grenzwert und finden Sie heraus, was passiert, wenn $a_1 = a$ variieren kann.

    (b) Es sei $a_1 = 1$ und

    $$a_{n+1} = \frac{3 + 2a_n}{3 + a_n}.$$

    Bestimmen Sie wie zuvor den Grenzwert und finden Sie heraus, was passiert, wenn $a_1 = a$ variieren kann.

    Diese zwei Grenzwerte sind einfach genug zu finden und (je nach Ihrem Vorwissen) zu beweisen.

    (c) Es sei $a_1 \geq 1$ vorgegeben. Bestimmen Sie den Grenzwert der Iteration

    $$a_{n+1} := a_n - \frac{a_n}{\sqrt{1 + a_n^2}} + \sin(\theta)$$

    für beliebiges θ.

2. *Hirschborns Grenzwert.* Der nächste Grenzwert, der von Mike Hirschhorn stammt, sollte leicht zu finden sein, ist aber schwer zu beweisen. Bestimmen Sie den Grenzwert von M_n für n gegen unendlich mit

    $$M_n := n \frac{\int_0^1 t^{n-1}(1 + t)^n \, dt}{2^n}.$$

3. *Iteration von Mitteln.* Im Gegensatz dazu sind die folgenden Grenzwerte schwerer zu finden, aber leichter zu beweisen, wenn man sie einmal gefunden hat. Ein *(striktes) Mittel* $M(a, b)$ ist eine stetige Funktion von zwei positiven Zahlen, die eine Zahl c zwischen a und b ergibt (streng dazwischen, falls a und b nicht gleich sind). (Offensichtlich sind das arithmetische und das geometrische Mittel solche Objekte.) Bei einer Mitteliteration nimmt man zwei solche Mittel, M und N, und iteriert mit $a_0 := a$, $b_0 := b$ und

    $$a_{n+1} := M(a_n, b_n), \quad b_{n+1} := N(a_n, b_n).$$

Dann konvergieren die Folgen (a_n) und (b_n) gegen einen gemeinsamen Grenzwert, welcher mit $M \otimes N(a, b)$ bezeichnet wird. Demnach kann das arithmetisch-geometrische Mittel von Gauß, das wir schon erkundet haben, als $A \otimes G$ geschrieben werden. Die Konvergenzgeschwindigkeit ist hoch, da A und G beide symmetrisch sind. In den folgenden beiden Fällen besteht die Aufgabe darin, den Grenzwert zu identifizieren:

(a) $M(a, b) := (a + b)/2$, $N(a, b) := 2ab/(a + b)$, so dass N also das harmonische Mittel ist, das üblicherweise mit H bezeichnet wird,

(b) $M(a, b) := (a + \sqrt{ab})/2$, $N(a, b) := (b + \sqrt{ab})/2$.

Bei der ersten Aufgabe ist die Konvergenz quadratisch, bei der zweiten linear.

4. *Versagen der Regel von l'Hospital.* Betrachten Sie die Funktionen, die durch

$$f(x) := x + \cos(x)\sin(x), \quad g(x) = e^{\sin(x)}(x + \cos(x)\sin(x))$$

gegeben sind. Bestätigen Sie, dass, obgleich

$$\lim_{x \to \infty} \frac{f'(x)}{g'(x)} = 0$$

gilt, der zugehörige Grenzwert $\lim_{x \to \infty} f(x)/g(x)$ nicht existiert. Menschen und Maschinen neigen beide dazu, bei einer Division durch null und bei ähnlichen Dingen zu sorglos zu sein. Dies ist der Preis des heuristischen Arbeitens.

10 Vorsicht! Gefahr beim Gebrauch des Computers!

Computer sind nutzlos. Sie können bloß Antworten geben.

Pablo Picasso (1881–1973)

Auch wenn das ein nettes Zitat ist, hat Picasso offensichtlich das Potenzial der Computer nicht begriffen, als er diese Bemerkung machte. Der Computerpionier R. W. Hamming (1915–1998) traf da schon eher ins Schwarze, als er bemerkte: „Der Sinn von Berechnungen sind Erkenntnisse, nicht Zahlen." Doch wie jedes leistungsfähige Werkzeug kann der Computer gefährlich sein, wenn er nicht mit Vorsicht eingesetzt wird. Dieses Kapitel ist der obligatorische Zettel mit den Warnhinweisen.

Wir alle haben sicher schon so oft die Anweisung einer Stewardess „Vorsicht beim Öffnen der Gepäckfächer" gehört, dass sie zu einem Klischee geworden ist. Derselbe Hinweis trifft aber zu, wenn man bei seinen Ermittlungen Techniken der Experimentellen Mathematik anwendet. Wenn man diese Warnung nicht beachtet, kann man überraschend am Kopf getroffen werden – im Flugzeug vom Fall eines Koffers, in der Mathematik von einem irreführenden Fall. In beiden Situationen kann der Aufprall schmerzhaft sein.

Wenn Sie zum Beispiel Zugang zu einem Computeralgebrasystem oder einem Programm zum Rechnen mit hoher Genauigkeit haben (einige kann man umsonst aus dem Internet herunterladen), können Sie

$$e^{\pi\sqrt{163}}$$

auf dreißig Stellen Genauigkeit berechnen. Dann werden Sie die Antwort

$$262537412640768744,000000000000$$

erhalten, woraufhin Sie möglicherweise plötzlich sehr aufgeregt sind. Denn wenn Sie Eulers berühmte Identität

$$e^{i\pi} = -1$$

kennen, die auf bemerkenswerte Weise die vier fundamentalen Konstanten der Mathematik e, π, i und 1 verknüpft, von denen die ersten beiden irrational sind, dann sehen Sie sich vielleicht schon als die zukünftige Berühmtheit im Rampenlicht, die eine weitere erstaunliche Relation zwischen e und π entdeckt hat.

Doch schon bald nagen die ersten Zweifel an Ihnen. Zum einen fällt Ihnen ein, dass Eulers Identität ein wenig irreführend ist – wenn auch nicht weniger bemerkenswert –, da es eigentlich unendlich viele verschiedene Lösungen der Gleichung $e^{ix} + 1 = 0$ gibt. Und dann ist da diese Zahl 262537412640768744. Irgendwie erscheint sie zu willkürlich, zu „unspeziell", um wirklich der Wert von $e^{\pi\sqrt{163}}$ zu sein. Und tatsächlich ist sie das nicht. Zwölf Nachkommastellen, die alle gleich null sind, sind natürlich schon sehr bedeutsam, aber wenn Sie die Genauigkeit auf 33 Stellen erhöhen, werden Sie feststellen, dass

$$e^{\pi\sqrt{163}} = 262537412640768743{,}999999999999250\ldots$$

ist. Das ist immer noch ein interessantes Zusammentreffen, und Sie hätten Recht, wenn Sie vermuten, dass die Zahl 163 irgendeine spezielle Eigenschaft hat, die bewirkt, dass genau diese Potenz von e so nahe bei einer ganzen Zahl liegt. Aber das führen wir hier nicht weiter aus – es ist eine algebraische Spezialität, die außerhalb des Blickfeldes dieses Buches liegt. Es kommt uns hier nur auf eine Veranschaulichung der Tatsache an, dass Rechnungen manchmal Schlussfolgerungen nahelegen, die sich später nichtsdestotrotz als falsch herausstellen. In diesem Fall besteht der Fehler darin, eine tatsächlich transzendente Zahl irrtümlich für eine ganze Zahl zu halten.

Ein anderer Zufall, diesmal wahrscheinlich ganz ohne mathematische Erklärung, ergibt sich bei der Auswertung von

$$e^{\pi} - \pi = 19{,}999099979 \approx 20$$

auf zehn Stellen Genauigkeit.

Hier ist noch ein Beispiel, bei dem Zahlen irreführend sein können. Wenn Sie ein Computeralgebrasystem benutzen, um die unendliche Reihe

$$81 \sum_{n=1}^{\infty} \frac{\lfloor n \tanh \pi \rfloor}{10^n}$$

numerisch auszuwerten, werden Sie als Antwort 1 bekommen. Doch diese Antwort ist falsch. Die Reihe konvergiert in Wirklichkeit gegen eine transzendente Zahl, die aber auf 268 Dezimalstellen mit 1 übereinstimmt. Mit anderen Worten: Sie müssen den numerischen Wert der Reihe auf mindestens 269 Stellen genau berechnen, um festzustellen, dass er nicht gleich 1 ist. Um Rundungsfehler auszuschließen, werden Sie die Rechnung sogar mit noch höherer Genauigkeit durchführen müssen. Hinter dieser überraschenden Übereinstimmung steckt die Tatsache, dass $0{,}99 < \tanh \pi < 1$ ist, so dass für die anfänglichen n der Ausdruck $\lfloor n \tanh \pi \rfloor$ gleich $n - 1$ sein wird, nämlich genau für $n = 1, \ldots, 268$.

Dieses Beispiel wirft erneut ein Schlaglicht auf die Gefahr, die in der Experimentellen Mathematik stets gegenwärtig ist: eine Antwort zu bekommen, die wie etwas anderes aussieht, als sie ist.

Vielleicht passt Ihnen das hier besser (und die Passgenauigkeit ist riesig)! Die folgende „Gleichheit" ist bis zu einer Genauigkeit von *mehr als einer halben Milliarde* Stellen richtig:

$$\sum_{n=1}^{\infty} \frac{\left\lfloor n e^{\pi\sqrt{163}/3} \right\rfloor}{2^n} = 1.280.640.$$

Und doch ist diese Reihe weit entfernt von einer ganzen Zahl (*konzeptuell weit*), da sie bewiesenermaßen irrational, sogar transzendent ist. Sicherlich war Ihnen schon klar, dass das eine mithilfe unseres ersten Beispiels „frisierte" Reihe war. Aber das macht das Ergebnis nicht weniger beeindruckend!

Hier ist eine andere Geschichte, die zur Vorsicht mahnt. Euler definierte die *Trinomialzahlen* als

$$t_n = [x^0]\left(x + 1 + \frac{1}{x}\right)^n,$$

wobei $[x^k]P(x)$ den Koeffizienten vor x^k in einem Polynom oder einer Potenzreihe $P(x)$ bezeichnet.

Es gibt auch andere, gleichwertige Definitionen der t_n, etwa als geschlossene Darstellung, über eine erzeugende Funktion oder als Rekursion mit drei Termen.

Euler beobachtete, dass für $n = 0, 1, \ldots, 7$ die Identität

$$3t_{n+1} - t_{n+2} = F_n(F_n + 1)$$

gilt, wobei F_n die n-te Fibonacci-Zahl ist. Da auch eine rekursive Definition existiert, ist es verführerisch zu vermuten, dass diese Gleichheit im Allgemeinen gilt, doch dies ist nicht der Fall.

Ein weiteres Beispiel für ein Muster, das in den ersten paar Fällen gilt, doch dann versagt, beinhaltet Ihren alten Liebling aus Ihrem ersten Kurs in Analysis, die Funktion

$$\mathrm{sinc}(x) = \sin x / x.$$

Kürzlich entdeckte Robert Baillie, dass die Identität

$$\sum_{n=1}^{\infty} \mathrm{sinc}^N(n) = -\frac{1}{2} + \int_0^{\infty} \mathrm{sinc}^N(x)\, dx$$

für $N = 1, 2, 3, 4, 5$ und 6 richtig ist, aber bei $N = 7$ versagt.

Jedoch lassen sich nur wenige erfahrene Mathematiker von bloßen sieben oder acht Beispielen überzeugen, auch wenn diese Fälle schon eine allgemeine Regel suggerieren. Ohne weitere überzeugende Indizien würden sie mehr Fälle sehen wollen. Aber unser Vertrauen wird sicherlich steigen, wenn die Anzahl der Fälle in die Tausende geht. Nichtsdestotrotz sollte man vorsichtig bleiben.

Betrachten Sie zum Beispiel die Folge u_n, die definiert ist durch

$$u_{n+2} = \lfloor 1 + u_{n+1}^2/u_n \rfloor,$$
$$u_0 = 8, \quad u_1 = 55,$$

und die rationale Funktion

$$R(x) = \frac{8 + 7x - 7x^2 - 7x^3}{1 - 6x - 7x^2 + 5x^3 + 6x^4}$$
$$= 8 + 55x + 379x^2 + 2612x^3 + \ldots$$

(Besser nicht nachfragen! Sie werden dieser Art von Beispielen öfters begegnen, wenn Sie in Experimenteller Mathematik arbeiten.)

Wenn Sie ein paar Werte einsetzen (etwas, was Ihre Großeltern mit Papier und Bleistift an einem regnerischen Nachmittag getan hätten, wofür man aber jetzt teure Maschinen hat, die Ihnen neben der Arbeit noch Musik vorspielen), dann werden Sie sehen, dass

$$u_n = [x^n] R(x)$$

für alle n bis 10.000 gilt – was Sie dann sicherlich in Versuchung führen würde zu vermuten, dass das Ergebnis allgemeingültig ist. (Ihre Großeltern wären wahrscheinlich schon lange vorher zu diesem Schluss gekommen.) Und doch ist dies nicht der Fall. Die Gleichheit versagt zum ersten Mal bei $n = 11.056$. (Merken Sie sich diese Zahl für den Fall, dass Sie einmal krank im Bett liegen und ein Kollege Sie besuchen kommt, der Sie zur Ablenkung mit den Worten begrüßt: „Ich kam in einem Taxi her, das die Nummer 11.056 hatte. Das scheint mir eine völlig uninteressante Zahl zu sein." Überlegen Sie nur, wie eindrucksvoll Ihre Antwort erscheinen wird!)

Jetzt kommen wir in Fahrt! Versuchen Sie mal das Folgende. Angenommen, Sie sollen als Hausaufgabe die folgenden Integrale auswerten:[1]

$$I_1 = \int_0^\infty \operatorname{sinc}(x)\, dx,$$

$$I_2 = \int_0^\infty \operatorname{sinc}(x)\, \operatorname{sinc}\left(\frac{x}{3}\right)\, dx,$$

$$I_3 = \int_0^\infty \operatorname{sinc}(x)\, \operatorname{sinc}\left(\frac{x}{3}\right)\, \operatorname{sinc}\left(\frac{x}{5}\right)\, dx,$$

$$\ldots$$

$$I_8 = \int_0^\infty \operatorname{sinc}(x)\, \operatorname{sinc}\left(\frac{x}{3}\right)\, \operatorname{sinc}\left(\frac{x}{5}\right) \ldots \operatorname{sinc}\left(\frac{x}{15}\right)\, dx.$$

---

[1] Erinnern Sie sich, dass wir gerade $\operatorname{sinc}(x) = \sin x / x$ definiert haben.

Sie setzen Ihr Lieblings-Computeralgebrasystem auf diese Aufgabe an und erhalten das Ergebnis $I_1 = \ldots = I_7 = \pi/2$. Okay, sagen Sie sich, Sie haben jetzt das Prinzip begriffen, warum also noch Zeit auf den letzten Fall verschwenden? Aber dann entscheiden Sie sich doch, auf Nummer sicher zu gehen. Los geht's.

Was?! Ihr Bildschirm hat sich gerade mit dem folgenden unerwarteten Output gefüllt:

$$I_8 = \frac{467807924713440738696537864469}{935615849440640907310521750000} \pi$$
$$\approx 0,499999999992646\,\pi.$$

Offensichtlich haben Sie irgendwo einen Tippfehler eingebaut, als Sie die letzte Aufgabe eingaben. Also versuchen Sie es noch einmal, diesmal mit sorgfältiger Fehlerkontrolle, damit sich kein Tippfehler einschleicht. Sie erhalten exakt denselben Output. Also wenden Sie sich an den Entwickler Ihres Computeralgebrasystems und erzählen ihm, Sie hätten einen versteckten Arithmetikfehler in dem System gefunden. Genau dies tat der Forscher, dem als Erstem das obige Resultat aufgefallen war, und der Entwickler stimmte ihm zu, dass es offensichtlich auf einem Programmfehler beruhen musste.

Der Verdacht auf einen Programmfehler wurde noch dadurch gestärkt, dass das nächste Integral I_9 schon jenseits der Möglichkeiten des verwendeten Computeralgebrasystems lag, das hierfür keine Antwort mehr lieferte.

Doch tatsächlich gibt es an dieser Stelle keinen Fehler. Der Wert, den das Computeralgebrasystem für das Integral I_8 zurückgab, war korrekt. Falsch war Ihre Schlussfolgerung, dass (1) das Muster, das von den ersten sieben Integralen etabliert worden war, sich fortsetzen würde und (2) ein derartiges Integral niemals einen Wert haben würde wie $0,499999999992646\,\pi$.

Für einen Experimentellen Mathematiker gehört das zum täglichen Leben.

Hier nun eine andere irreführende Berechnung, diesmal mit der Funktion

$$C(x) = \cos(2x) \prod_{n=1}^{\infty} \cos\left(\frac{x}{n}\right).$$

Wenn Sie Ihren Computer auf die numerische Auswertung des Integrals

$$I = \int_0^{\infty} C(x)\,\mathrm{d}x$$

ansetzen und ein wenig harte Arbeit und clevere Ideen hineinstecken, dann werden Sie eine Antwort bekommen, die auf 40 Stellen mit $\pi/8$ übereinstimmt. Doch eine sorgfältige Mischung aus numerischer und symbolischer Integration wird es Ihnen erlauben, den Fehler abzuschätzen und zu zeigen, dass $I < \pi/8$ ist.

Hier folgt noch ein Beispiel, bei dem es sich lohnt, vorsichtig zu sein. Für eine natürliche Zahl n sei $g(n)$ die Anzahl ihrer geraden und $u(n)$ die Anzahl ihrer ungeraden Dezimalziffern. Eine etwas verwickelte Rechnung, auf die wir gleich zurückkommen, ergibt

$$\sum_{n=1}^{\infty} \frac{u(2^n)}{2^n} = \frac{1}{9}.$$

Nachdem Sie das jetzt wissen, was, glauben Sie wohl, ist der Wert der folgenden Summe:

$$\sum_{n=1}^{\infty} \frac{g(2^n)}{2^n} \, ?$$

Bitte alle melden, die jetzt 1/9 oder einen anderen kleinen Bruch genannt haben! Und wenn Sie nun Ihre Hand nicht gehoben haben, dann sicherlich deswegen, weil dieses Beispiel im jetzigen Kapitel eingeordnet ist. In Wirklichkeit lautet die richtige Antwort

$$\sum_{n=1}^{\infty} \frac{g(2^n)}{2^n} = \sum_{n=1}^{\infty} \frac{\lfloor n \log_{10} 2 \rfloor + 1}{2^n} - \sum_{n=1}^{\infty} \frac{u(2^n)}{2^n},$$

was eine transzendente Zahl ist. (Eine Rechnung mit vierfacher Genauigkeit wird Sie vermuten lassen, dass die Antwort 3166/3069 ist.) Die Transzendenz werden wir hier nicht beweisen, aber es folgt ein Beweis des $u(2^n)$-Ergebnisses.

Es seien $0 < q < 1$ und $m \in \mathbb{N}$, $m > 1$. Die Entwicklung von q zur Basis m lautet

$$q = \sum_{n=1}^{\infty} \frac{a_n}{m^n} \text{ mit } 0 \leq a_n < m,$$

wobei wir in den Fällen, in denen es zwei Möglichkeiten gibt, die endliche Entwicklung nehmen. Dann ist a_n der Rest von $\lfloor m^n q \rfloor$ bei Division durch m, so dass wir schreiben können:

$$q = \sum_{n=1}^{\infty} \frac{\lfloor m^n q \rfloor \ (\text{mod } m)}{m^n}.$$

Nun sei

$$F(q) = \sum_{k=1}^{\infty} c_k q^k = \sum_{k=1}^{\infty} c_k \sum_{n=1}^{\infty} \frac{\lfloor m^n q^k \rfloor \ (\text{mod } m)}{m^n} = \sum_{n=1}^{\infty} \frac{f(n)}{m^n}$$

mit

$$f(n) = \sum_{k \geq 1} c_k \left(\lfloor m^n q^k \rfloor \ (\text{mod } m) \right).$$

Wenn $q = 1/b$ ist, wobei b ein ganzzahliges Vielfaches von m sei, dann ist $\lfloor m^n q^k \rfloor$ (mod m) die k-te Stelle mod m in der Entwicklung zur Basis b der natürlichen Zahl m^n. (Wir beginnen die Nummerierung der Stellen mit 0. Zum Beispiel ist die nullte Stelle von 1025 die 5.) Für $F(q) = q/(1-q)$ und $m = 2$ und gerades b zählt $f(n)$ deshalb die ungeraden Ziffern in der Entwicklung von 2^n zur Basis b. Für $b = 10$ haben wir $f(n) = u(2^n)$ und damit

$$\frac{1}{9} = F\left(\frac{1}{10}\right) = \sum_{n=1}^{\infty} \frac{u(2^n)}{2^n},$$

genau wie verlangt war.

Zum Abschluss erinnern wir uns an die berühmte *Skewes-Zahl*, die mit einem frühen Resultat über den Primzahlsatz zusammenhängt und die eine obere Grenze für den ersten Wert von x liefert, bei dem die Ungleichung

$$\int_2^x \frac{dt}{\log t} \geq \pi(x)$$

nicht mehr gilt, wobei $\pi(x)$ die Anzahl der Primzahlen kleiner als x bezeichnet. Im Jahre 1933 bewies Stanley Skewes (1899–1988) unter Annahme der Riemannschen Vermutung, dass $10^{10^{10^{34}}}$ eine solche obere Grenze ist. Das heutzutage beste Ergebnis besagt, dass die erste Überschneidung der beiden Kurven bei etwa $1{,}397162914 \times 10^{316}$ stattfindet. Obwohl das schon deutlich kleiner als die Grenze von Skewes ist, übersteigt es doch alles andere mit einer astronomischen Signifikanz.

Dieses klassische Resultat ist eine exzellente Erinnerung an den Rat, mit dem wir dieses Kapitel eröffneten: Vorsicht! Gefahr beim Gebrauch des Computers in der Experimentellen Mathematik!

Untersuchungen

Computeralgebrasysteme werden oft dafür kritisiert, dass sie eines von zwei Dingen tun: Ausdrücke zu viel oder zu wenig vereinfachen. Hier die Balance zu halten, ist nicht einfach; die Erwartungen der Benutzer müssen abgewogen werden gegen das, was bewiesen werden kann. Dem Benutzer wird die Antwort $\sqrt{\cos(\theta)^2}$ wahrscheinlich nicht gefallen, aber das System weiß möglicherweise nicht, wo θ liegt, auch wenn das dem Anwender klar ist. Sicherlich wollen Sie oft

$$\sqrt{-x} = i\sqrt{x}$$

erhalten, aber ebenso sicher wollen Sie nicht, dass

$$3 = \sqrt{-(-9)} = i\sqrt{-9} = i \cdot i\sqrt{9} = -3$$

herauskommt.

Bei der Berechnung eines Ausdrucks wird ein Computeralgebrasystem verschiedene Funktionalgleichungen und Transformationen einsetzen, was dazu führen kann, dass es für eine divergente Reihe einen runden Wert zurückgibt. Auch haben verschiedene Systeme verschiedene Vorstellungen davon, wo die inversen trigonometrischen Funktionen definiert sind. Bleiben Sie wachsam!

1. *Vereinfachung.* Vereinfachen Sie die folgenden beiden Wurzelausdrücke:

(a) $\alpha_1 := \sqrt[3]{\cos(2\pi/9)} + \sqrt[3]{\cos(4\pi/9)} + \sqrt[3]{\cos(8\pi/9)}$,

(b) $\alpha_2 := \sqrt[3]{\cos(2\pi/7)} + \sqrt[3]{\cos(4\pi/7)} + \sqrt[3]{\cos(6\pi/7)}$.

Hinweis: Versuchen Sie, sie aufgrund ihrer numerischen Werte zu identifizieren.

2. *Ein neueres Problem aus dem American Mathematical Monthly.* Ein neueres Problem aus dem *Monthly*[2] ist äquivalent dazu,

$$\sigma(m,n) := \sum_{k=0}^{m} 2^k \binom{2m-k}{m+n} + \sum_{k=1}^{n} \binom{2m+1}{m+k}$$

für ganze Zahlen m und n größer oder gleich 0 zu evaluieren. Mathematisch ist das dasselbe wie

$$\sigma^*(m,n) := \sum_{k=0}^{\infty} 2^k \binom{2m-k}{m+n} + \sum_{k=1}^{n} \binom{2m+1}{m+k}$$

(und für $n > m$ kann auch die zweite Summe bis ∞ laufen), aber ein Computeralgebrasystem könnte anderer Ansicht sein. Was ist die korrekte Antwort?

---

[2] *American Mathematical Monthly*, Februar 2007, #11274.

11 Was wir Ihnen bisher nicht verraten haben

Bitte, Sir, ich möchte noch etwas mehr.

Oliver Twist, in dem gleichnamigen Roman von
Charles Dickens (1786–1851)

Wie wir schon in Kapitel 1 gesagt haben, will dieses Buch die Experimentelle Mathematik nicht umfassend abdecken. Eigentlich ist überhaupt nicht klar, wie solch ein Buch aussehen sollte – außer, dass es sehr dick wäre –, da Experimentelle Mathematik hauptsächlich eine *Herangehensweise* an mathematische Entdeckungen ist. (Eine Herangehensweise jedoch, die eine Auffassung von mathematischem *Wissen* impliziert, die über das traditionelle „was bewiesen ist" weit hinausgeht, um auch das, „wofür wir gute Anhaltspunkte haben", einzuschließen – mit denselben Vorbehalten, wie sie in den Naturwissenschaften weitgehend akzeptiert sind.)

Wir haben bis jetzt unseren Blick sehr auf die Anwendung experimenteller Methoden in der reellen Analysis, analytischen Zahlentheorie und der Differenzial- und Integralrechnung gerichtet und Entdeckungen in diesen Gebieten benutzt, um die experimentelle Herangehensweise zu illustrieren. In diesem letzten Kapitel versuchen wir, das Gleichgewicht wiederherzustellen, indem wir das Blickfeld ausdehnen und uns andere Teile des Gebietes ansehen.

Ein Bild sagt mehr als tausend Symbole

Angenommen, Sie wollen wissen, welche Funktion auf dem Einheitsintervall größer ist: $y - y^2$ oder $-y^2 \log y$? Und wie steht es mit $y^2 - y^4$ und $-y^2 \log y$? Sie könnten traditionelle analytische Methoden einsetzen – und wenn Sie einen strengen *Beweis* bräuchten, wäre das die Methode der Wahl. Aber wenn Sie bloß die Antwort wissen wollen, dann wäre die beste Methode, einen Computer oder grafikfähigen Taschenrechner einzusetzen, um die

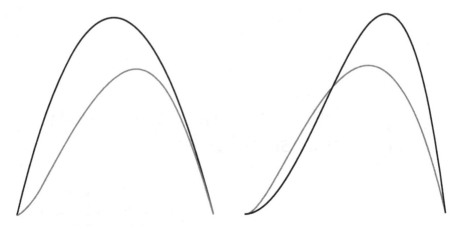

Abb. 11.1 Grafischer Vergleich von $y - y^2$ mit $-y^2 \log y$ (links) und von $y^2 - y^4$ mit $-y^2 \log y$ (rechts).

Kurven zu zeichnen. Wenn Sie das tun, erhalten Sie die beiden Zeichnungen in Abbildung 11.1, und die Frage ist beantwortet.

Entdeckung durch Visualisierung

Manchmal ergibt sich durch eine Zeichnung – genauer, durch die Entdeckung einer Methode, „das richtige" Bild zu zeichnen – mehr als nur die Lösung zu einem eher technischen Problem wie in dem vorigen Beispiel; manchmal liefert sie die entscheidende Einsicht für eine größere Entdeckung. Ein spektakuläres frühes Beispiel, bei dem Computergrafik zu solch einer tiefliegenden Entdeckung führte, geschah im Jahre 1983, als die Mathematiker David Hoffman und William Meeks III eine neue Minimalfläche entdeckten.

Eine Minimalfläche ist das mathematische Äquivalent eines unendlichen Seifenfilms. Wenn man einen realen Seifenfilm über ein Gerüst legt, dann wird er eine Form annehmen, die die kleinste mögliche Fläche beansprucht. Das mathematische Analogon ist eine Minimalfläche, die sich bis ins Unendliche ausdehnt. Diese Flächen werden schon seit über zweihundert Jahren untersucht, aber bis Hoffman und Meeks ihre Entdeckung machten, waren nur drei solcher Flächen bekannt. Heutzutage haben die Mathematiker als Ergebnis des Einsatzes von Visualisierungsmethoden noch viele weitere solcher Flächen entdeckt. Vieles von dem, was über Minimalflächen bekannt ist, ist durch traditionellere Methoden etabliert worden. Und doch kann, wie Hoffman und Meeks zeigten, die Computergrafik dem Mathematiker sowohl die anfängliche Entdeckung als auch die nötige Intuition liefern, um dann mit der richtigen Kombination dieser traditionellen Methoden einen Beweis zu finden.

„Wir waren überrascht, dass die Computergrafik tatsächlich als ein Werkzeug zur Erkundung genutzt werden kann, um uns bei der Lösung des Problems zu helfen," sagt Hoffman. „Bevor wir sie nicht sehen konnten, konnten wir die Fläche nicht verstehen. Nachdem wir sie auf dem Bildschirm gesehen hatten, konnten wir wieder an den Beweis gehen."

Die Fläche, die Hoffman und Meeks untersuchten, ist eine „vollständige, eingebettete Minimalfläche endlichen topologischen Typs". Der Ausdruck „vollständig" bedeutet hier, dass die Fläche, grob gesagt, keinen Rand hat. Eine flache Ebene, die sich in alle Richtungen unendlich weit erstreckt, ist ein Beispiel für eine vollständige Fläche. Und tatsächlich ist sie auch eine Minimalfläche, da man keine wie auch immer geartete Falte einbringen kann, ohne die Oberfläche zu vergrößern. Ein anderes Beispiel einer vollständigen Minimalfläche ist das Katenoid, das wie eine unendlich ausgedehnte Sanduhr aussieht. (Der Seifenfilm, der zwei parallele Drahtringe verbindet, die auseinandergezogen werden, sieht wie der Zentralteil eines Katenoides aus.) Sowohl die Ebene als auch das Katenoid sind „eingebettete" Flächen – sie sind nicht derart gekrümmt, dass sie sich selbst überschneiden. Eine weitere Fläche mit dieser Eigenschaft ist das Helikoid (oder Wendelfläche) – stellen Sie sich einen Seifenfilm vor, der sich entlang der Kurve einer unendlich langen Helix oder Spirale erstreckt.

Bis zu den Untersuchungen von Hoffman und Meeks waren diese drei die einzigen bekannten Beispiele für vollständige, eingebettete Minimalflächen (von endlichem topologischem Typ). Einige Mathematiker hatten schon spekuliert, dass dies die einzig möglichen Beispiele seien.

Doch dann begann Hoffman, sich die Gleichungen für eine Fläche anzusehen, die ein brasilianischer Doktorand, Celso J. Costa, in seiner Dissertation niedergeschrieben hatte. Costa konnte beweisen, dass diese spezielle Fläche minimal und vollständig ist. Hoffman hatte den Verdacht, dass sie eingebettet sein könnte. Mathematische Hinweise deuteten darauf hin, dass die Fläche zwei Katenoide und eine Ebene enthalten könnte, die alle irgendwie aus dem Zentrum des Gebildes herauswachsen. Doch war das nicht ausreichend, um zu einer Vorstellung zu kommen, wie die Fläche aussah.

Und damit hatte der Computer seinen Auftritt, der sowohl eingesetzt wurde, um Koordinaten der Fläche numerisch zu berechnen, als auch, um Bilder ihres Zentrums zu zeichnen. Die große Frage war, ob sich Costas Fläche selbst überschnitt. Wenn ja, dann wäre die Fläche nicht eingebettet, und die Angelegenheit wäre damit gestorben. Wenn jedoch kein Anhaltspunkt für eine Überschneidung sichtbar wäre, dann könnte Hoffman mit dem Versuch beginnen zu beweisen, dass die Fläche wirklich eingebettet war.

Die ersten Bilder deuteten wirklich darauf hin, dass die Fläche keine Selbstüberschneidungen aufwies. Wenn man die Fläche aus verschiedenen Blickwinkeln betrachtete, sah man auch einen hohen Grad an Symmetrie, aber mehrere Tage „ausgiebigen Starrens" waren notwendig, um die tatsäch-

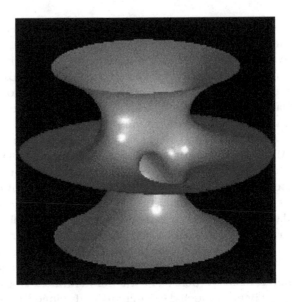

Abb. 11.2 Vom Computer erzeugtes Bild der Costa-Hoffman-Meeks-Fläche.

liche Form dieser neuen Minimalfläche zusammenzustückeln, wie Hoffman sagt: „Es war nicht offensichtlich, wie alles wirklich zusammenpasste." Bis dann die Interaktion zwischen Mensch und Maschine das Gebilde in Abbildung 11.2 ergab. (Abbildung 11.2 stammt von der Internetseite „Electronic Geometric Models", http://www.eg-models.de/, die von Experten formal begutachtet wird wie ein Artikel in einer angesehenen Fachzeitschrift, so dass sie ein Musterbeispiel für die interaktiven visuellen Ressourcen der Zukunft ist.)

Während die Arbeit von Hoffman und Meeks den experimentellen Einsatz eines Computers beinhaltete, um ein mathematisches Objekt so gut zu verstehen, dass ein herkömmlicher Beweis gefunden werden konnte, ging eine andere Anwendung experimenteller Methoden in die entgegengesetzte Richtung: Computergrafik, experimentell eingesetzt, führte zu einem besseren Verständnis eines Ergebnisses, das mit traditionellen Techniken bereits bewiesen worden war. Die Thematik war Knotentheorie.

Ein verknotetes Problem

Für Hintergrundinformationen über Knotentheorie verweisen wir auf das Buch *The Knot Book* [Adams 95] von Colin Adams.

In früheren Tabellen wurden die beiden Knoten, die in Abbildung 11.3 gezeigt werden, als zwei unterschiedliche Knoten aufgeführt. (Einige Knotentabellen tun dies auch heute noch.)

Abb. 11.3 Viele Jahre lang glaubte man, dass diese Diagramme verschiedene Knoten darstellen, während sie in Wirklichkeit äquivalent sind.

In seinem Buch *Knots and Links* [Rolfsen 76], in dem die beiden Knoten unter den Nummern 10_{161} und 10_{162} aufgeführt sind, stellt der Autor Dale Rolfsen allerdings fest, dass im Jahr 1974 durch Kenneth Perko bewiesen worden ist, dass diese beiden Knoten identisch sind. Eine naheliegende Frage ist dann, durch welche Folge von Transformationen (insbesondere die berühmten Reidemeister-Bewegungen, die üblicherweise als grundlegende Schritte beim Umformen von Knoten verwendet werden) sich der eine dieser Knoten in den anderen überführen lässt. Früher (und bisweilen auch noch heutzutage) konstruierten die Knotentheoretiker manchmal physikalische Modelle ihrer Knoten (Gummischläuche sind ein beliebtes Material, das für diesen Zweck gut geeignet ist), um ein Verständnis für Knotenäquivalenzen zu gewinnen. In letzter Zeit sind Computergrafik-Pakete zu dem Arsenal der Knotentheoretiker hinzugekommen. Eines davon ist KnotPlot, das Sie unter http://knotplot.com finden können. Wenn Sie http://knotplot.com/perko aufrufen, werden Sie eine längere Folge von Bildern finden, die die Äquivalenz von 10_{161} und 10_{162} zeigt. Diese Folge

Abb. 11.4 Jeder der beiden in Abbildung 11.3 gezeigten Knoten kann in diesen Knoten überführt werden.

ist experimentell entdeckt worden, wobei die notwendigen Umformungen inzwischen völlig automatisch in KnotPlot durchgeführt werden. Tatsächlich kann man beide Knoten so umformen, dass sich der in Abbildung 11.4 gezeigte Knoten ergibt.

Der Beweis des Vierfarbensatzes

In der Arbeit von Hoffman und Meeks über Minimalflächen, über die wir uns vor einem Moment unterhalten haben, wurde zwar das erste Fundament durch experimentelle Untersuchungen auf dem Computer gelegt, doch das Endergebnis war ein traditioneller mathematischer Beweis. Anders lagen die Dinge bei einem weiteren größeren Durchbruch in der Mathematik. Der Beweis des Vierfarbensatzes beinhaltete nicht nur experimentelle Arbeit am Computer, sondern es wurde auch ein wesentlicher Teil des Beweises notwendigerweise auf dem Computer durchgeführt.

Die Vierfarbenvermutung, die zuerst im Jahre 1852 formuliert wurde, besagt, dass zur Färbung einer *beliebigen* (in der Ebene gezeichneten) Landkarte niemals mehr als vier Farben benötigt werden, falls man sinnvollerweise verlangt, dass je zwei Gebiete (Länder, Landkreise usw.), die eine gemeinsame Grenzlinie haben, verschieden eingefärbt werden sollen. Zum Beispiel werden bei der Karte der USA in Abbildung 11.5 nur vier Farben benötigt (oder vier Graustufen).

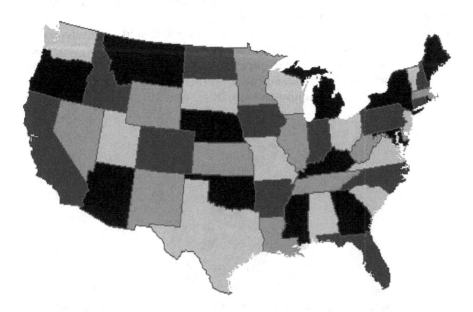

Abb. 11.5 Karte der Vereinigten Staaten, eingefärbt mit nur vier Farben.

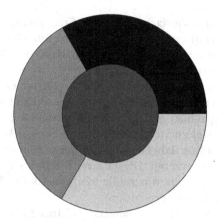

Abb. 11.6 Eine einfache Karte, die nicht mit nur drei Farben eingefärbt werden kann.

Es ist leicht zu sehen, dass es Karten gibt, die *mindestens* vier Farben erfordern, so wie beispielsweise die Karte in Abbildung 11.6.

Es dauerte nicht lange, bis verschiedene Leute entdeckt hatten, dass fünf Farben für jede Karte reichen. Aber ein Jahrhundert lang scheiterten alle Versuche zu zeigen, dass schon vier stets ausreichend sind. Dieser Hintergrund aus fehlgeschlagenen Versuchen, zusammen mit der Tatsache, dass die Problemstellung leicht zu verstehen ist, führte dazu, dass sie zu dem wahrscheinlich zweitberühmtesten ungelösten Rätsel der Mathematik wurde, direkt nach der Fermatschen Vermutung.

Dann kündigten zwei Mathematiker an der University of Illinois, Kenneth Appel und Wolfgang Haken, im Jahre 1976 an, dass sie das Problem gelöst hatten. Das allein war schon Schlagzeilen wert. Doch der wirklich überraschende Aspekt daran war für die mathematische Gemeinschaft, dass wesentliche Teile des Beweises von Appel und Haken auf einem Computer ausgeführt wurden, basierend auf Ideen, die ihrerseits wieder aufgrund von Computerexperimenten formuliert worden waren. Zum ersten Mal in der Geschichte der Mathematik hatte sich der Begriff des Beweises geändert. Bis 1976 war ein *Beweis* eine logisch lückenlose Argumentation gewesen, mittels derer ein Mathematiker (oder eine Mathematikerin) einen anderen von der Wahrheit einer Aussage überzeugen konnte. Wenn ein Mathematiker einen Beweis las, konnte er (oder sie) sich von der Richtigkeit der jeweiligen Aussage überzeugen und gleichzeitig die Gründe für diese Richtigkeit verstehen. Da die verfügbare Zeit natürlich endlich ist, hat der einzelne Mathematiker (oder die einzelne Mathematikerin) es oft anderen, vertrauenswürdigen Leuten (zum Beispiel den Gutachtern eines wissenschaftlichen Journals) überlassen, die Details zu prüfen. Aber in jedem Fall war es eine integrale Eigenschaft des Beweisbegriffs, von menschlichen Gehirnen erzeugt und geprüft zu werden.

Für den Beweis des Vierfarbensatzes traf das nicht zu. Der Einsatz des Computers war absolut entscheidend. Man konnte den Beweis nur dann akzeptieren, wenn man bereit war zu glauben, dass das Computerprogramm das tat, was seine Autoren behaupteten.[1]

Tatsächlich haben Appel und Haken auf zwei Arten Gebrauch vom Computer gemacht. Zum einen wurde eine große Anzahl an Fällen geprüft. Jeder einzelne Fall hätte genauso gut von einem Menschen geprüft werden können, aber es waren viel zu viele, als dass eine einzige Person sie alle hätte bewältigen können (ohne dabei durchzudrehen). Zum anderen wurden diese Fälle überhaupt erst erzeugt. Dieser zweite Teil des Vorgehens war eines der ersten Beispiele für Experimentelle Mathematik (in dem Sinne, in dem wir diesen Ausdruck heute verwenden).

Die wesentliche Idee für den Beweis von Appel und Haken war schon während der frühen Arbeiten an dem Problem im neunzehnten Jahrhundert entwickelt worden. Man beginnt damit anzunehmen, es gäbe eine Karte, für die wirklich fünf Farben benötigt werden (vier Farben also definitiv nicht genug sind). Dann gäbe es auch eine oder mehrere solcher Karten, die eine Minimalzahl an Gebieten haben. Mit ein bisschen Überlegung kann man zeigen, dass es dann auch ein solches minimales Gegenbeispiel (zu der Vermutung) geben muss, das ganz bestimmte erwünschte Eigenschaften hat. In dieser Karte muss man dann ein Gebiet finden, das entfernt werden kann, ohne die Anzahl der mindestens benötigten Farben zu ändern. Wenn Sie zeigen können, dass es stets ein solches Gebiet gibt, sind Sie fertig, da dies der Minimalität der gewählten Karte widerspricht.

Wie zeigt man, dass man stets ein passendes Gebiet zum Entfernen finden kann? Indem man zeigt, dass das minimale Gegenbeispiel (aufgrund seiner erwünschten Eigenschaften) stets eine Konfiguration, bestehend aus einer kleinen Anzahl von Gebieten, enthalten muss, die solch eine Reduktion erlaubt, und dass es nur eine bestimmte, nicht allzu große Menge an solchen Konfigurationen gibt. Unter den Fachleuten, die sich mit diesem Gebiet beschäftigten, wurde eine solche Menge als eine „unvermeidliche Menge" an „reduzierbaren Konfigurationen" bezeichnet. Die Herausforderung bestand darin, eine solche unvermeidliche Menge zu finden.

Was dies zu einer Aufgabe für das Computerzeitalter machte, ist die Tatsache, dass die Menge, die Appel und Haken entdeckten, aus fast 1500 Konfigurationen bestand. Die beiden Forscher verbrachten drei Jahre damit, unter Nutzung eines (für die damalige Zeit) leistungsfähigen Computers an der University of Illinois eine Prozedur zu entwickeln, die eine unvermeidliche Menge an reduzierbaren Konfigurationen erzeugen konnte, und ein

---

[1] Wie sich herausstellen sollte, fanden andere Forscher später Mängel in dem ursprünglichen Beweis, so dass zumindest ein weiterer computerbasierter Beweis aufgestellt wurde, um die Unzulänglichkeiten des ersten auszugleichen. Im Jahre 1997 wurde jede verbliebene Unsicherheit schließlich zerstreut, als Robertson, Seymour und Thomas einen computergestützten Beweis präsentierten, den ebenfalls ein Computer als korrekt verifizieren konnte.

weiteres Programm zu schreiben, das die Reduzierbarkeit für die Art von Konfigurationen, die dabei auftrat, beweisen konnte. Das war sicherlich Experimentelle Mathematik. Im Laufe dieser drei Jahre führten die Computerergebnisse zu mehr als 500 Änderungen an ihrer erzeugenden Prozedur. Appel und Haken mussten selbst einige 10.000 Konfigurationen von Gebieten *von Hand* analysieren, und der Computer untersuchte weitere 2000 Konfigurationen und bewies die Reduzierbarkeit von einer schließlichen Gesamtzahl von 1482 Konfigurationen in der unvermeidlichen Menge. Als diese Aufgabe im Juni 1976 beendet war, hatte sie vier Jahre intensiver Arbeit und 1200 Stunden an Rechenzeit verbraucht. Für einen ausführlicheren Bericht verweisen wir unsere Leser auf Kapitel 7 von Keith Devlins Buch *Sternstunden der modernen Mathematik. Berühmte Probleme und neue Lösungen* [Devlin 90].

Auf den Spuren Ramanujans

Der große indische Mathematiker Srinivasa Ramanujan (1887–1920), dessen Leben vor Kurzem als Roman in *The Indian Clerk* [Leavitt 07] (bisher nur auf Englisch erschienen) geschildert wurde, war im Wesentlichen ein Autodidakt.[2] Da er nicht in der modernen Auffassung des mathematischen Beweises geschult war, hatte er einen sehr experimentellen Zugang zu mathematischen Entdeckungen, wenn auch ohne die Unterstützung eines Computers (mit Ausnahme seines eigenen sehr leistungsfähigen Gehirns). Er hinterließ viele bemerkenswerte Entdeckungen in seinen *Notizbüchern*, über die G. H. Hardy (1877–1947) schrieb [Hardy 37, S. 147]:

> Littlewood sagte: „Wahrscheinlich verfügte er überhaupt nicht über diese fest umrissene Vorstellung davon, was ein Beweis ist, die heute so geläufig ist, dass sie als selbstverständlich betrachtet wird. Wenn irgendwo ein wesentlicher Teil einer Argumentation vorhanden war und wenn ihn insgesamt die Mischung aus Beweisführung und Intuition überzeugte, dann überlegte er nicht weiter.“

Die Beschaffenheit der Einträge in Ramanujans *Notizbüchern* machte die Aufgabe von deren Herausgebern (Bruce Berndt zusammen mit George Andrews und anderen), die gesammelten Ergebnisse zu erklären, zu einer faszinierenden Mischung aus experimenteller und forensischer Mathematik. Die zentrale Frage war immer: „Was wusste er, und woher wusste er es?“ Die Aufgabe, die genauen Schlussfolgerungen von Ramanujan nachzuvollziehen, nähert sich erst jetzt ihrem Ende, fast ein Jahrhundert nach dem

---

[2] Eine sehr gute Biografie ist [Kanigel 95].

Tod des großen Inders. Wir erläutern den Stand der Dinge anhand eines schönen Kettenbruchs, den Ramanujan untersuchte:

$$\Re_\eta(a,b) = \cfrac{a}{\eta + \cfrac{b^2}{\eta + \cfrac{4a^2}{\eta + \cfrac{9b^2}{\eta + \ddots}}}},$$

mit $\eta > 0$ und reellen (oder komplexen) Zahlen a, b. (Dieser Kettenbruch fällt nicht unter die in Kapitel 1 gegebene Definition eines *regulären* Kettenbruchs!)

Ramanujan behauptete, dass für geeignete positive a, b der symmetrisierte Bruch gleich ist dem Bruch, der mit dem arithmetischen und geometrischen Mittel gebildet wird:

$$\frac{\Re_\eta(a,b) + \Re_\eta(b,a)}{2} = \Re_\eta\left(\frac{a+b}{2}, \sqrt{ab}\right).$$

Tatsächlich gilt dies für alle positiven a, b, doch um es allgemein zu beweisen, benötigt man komplexe Zahlen. Die erste Frage ist dann: Für welche komplexen Zahlen $c = a/b$ existiert der Kettenbruch? Mit dieser Frage mühten sich Crandall und Borwein ab, bis sie sich für die folgende Strategie entschieden (für $\eta = 1$): (1) Programmiere die Berechnung von $\Re_\eta(a,b)$ möglichst effizient;[3] (2) wähle ein Kriterium für die Konvergenz des Kettenbruchs; (3) zeichne das Streudiagramm aller c, für die dieses Kriterium zu gelten scheint [Borwein D. et al. 07]. Der Vorteil eines Streudiagramms mit beispielsweise 100.000 Punkten ist, dass eine falsche Klassifizierung von ein paar hundert Punkten keinen Unterschied macht. In diesem Fall erzeugte das Streudiagramm die in Abbildung 11.7 gezeigte Figur so präzise, dass die Gleichung der Randkurve abgelesen werden konnte.

Diese Randkurve hat die Gleichung $|(1 + c)/2| \geq \sqrt{|c|}$. Für reelle c ist das genau die Ungleichung vom arithmetischen und geometrischen Mittel, die, wie Abbildung 11.7 zeigt, für alle positiven und einige negative Zahlen gilt, da die positive Halbachse ganz außerhalb des schattierten Bereiches liegt (wenn auch am Punkt 1 nur knapp). Die Genauigkeit, mit der diese Entdeckung gemacht wurde, bestätigt ihre Korrektheit schon zu einem guten Teil, aber noch auffälliger ist die Tatsache, dass das arithmetische und das geometrische Mittel in einer Antwort auftauchen, die mittels einer rein numerischen Durchmusterung gefunden wurde.

---

[3] Wenn Ihr Programm korrekt ist, sollten Sie

$$\Re_1(1,1) = \log 2, \quad \Re_1(2,2) = \sqrt{2}\left(\frac{\pi}{2} - \log(1 + \sqrt{2})\right)$$

erhalten.

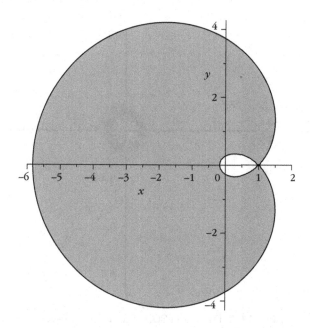

Abb. 11.7 Das Streudiagramm von Crandall und Borwein sah so aus.

Jetzt blieb *bloß* noch, diese Entdeckung auch zu beweisen. Der Schlüssel dazu lag darin, das Verhalten des dynamischen Systems $t_0 := 1$, $t_1 := 1$ und

$$t_n := \frac{1}{n}t_{n-1} + \left(1 - \frac{1}{n}\right)\kappa_{n-1}t_{n-2}$$

in der komplexen Ebene zu verstehen, wobei $\kappa_{2n} := a^2$, $\kappa_{2n+1} := b^2$ ist. Für $a = b = 1$ ist das trivial, doch im Allgemeinen ist es überraschend subtil. Wenn Sie die Iteration numerisch programmieren, werden Sie nur sehen, dass die Werte sich zwar der Null nähern, dabei aber ziemlich herumschwanken.

Überraschenderweise wird die Konvergenz langsamer, je näher a und b beisammen liegen. Tatsächlich ist die Konvergenz nur in etwa logarithmisch (also wie $1/\log n$), wenn $a = b$; die genaue Konvergenzordnung hängt vom Wert von $a = b$ ab.

Es stellt sich heraus, dass alles Interessante sich im Fall $|a| = |b| = 1$ abspielt und dass die Situation chaotisch wird, wenn $a = \pm b$ rein imaginär ist. Diesen Spezialfall werden wir im Folgenden ignorieren.

Ein typisches Bild der ersten 3000 Punkte im Fall $a = e^{\pi i/12}$ und $b = e^{\pi i/8}$ zeigt Abbildung 11.8. Die ersten paar Punkte haben wir weggelassen und den Rest mit fortschreitender Iteration von hellgrau bis schwarz eingefärbt. Es ist deutlich zu sehen, dass die Werte spiralförmig gegen null gehen, wie sich auch zeigt, wenn der Computer weitere Fälle plottet.

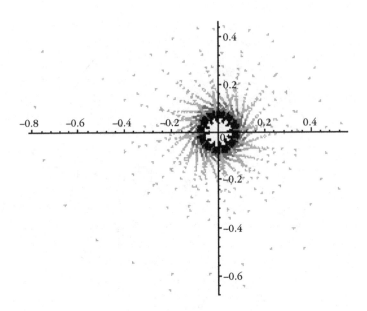

Abb. 11.8 Die ersten 3000 Punkte der Iteration.

Der Betrag schien nach n Schritten ungefähr gleich $1/\sqrt{n}$ zu sein, was auch von der Theorie, soweit bekannt, gestützt wurde. Wenn man $\sqrt{n}\,t_n$ für $a = e^{\pi i/12}$, $b = e^{i/8}$ plottet, erhält man das linke Bild in Abbildung 11.9, und wenn man $\sqrt{n}\,t_n$ für $a = e^{\pi i/14}$, $b = e^{\pi i/6}$ plottet, erhält man das rechte Bild.

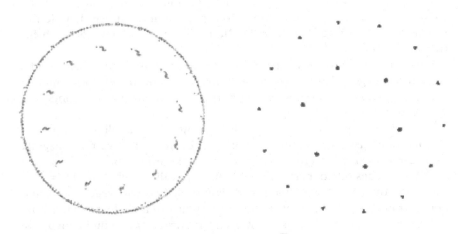

Abb. 11.9 Plots von $\sqrt{n}\,t_n$.

Abb. 11.10 Ein Plot mit anderen Parametern.

Im ersten Bild sehen wir einen Kreis und separat davon zwölf Anhäufungen von Punkten, im zweiten getrennt voneinander 14 und 6 Punkthaufen. Was geht da vor?

Das Testen noch einiger weiterer Fälle legt nahe, dass es darauf ankommt, ob a oder b eine p-te Einheitswurzel ist (dann erzeugt es p Haufen) oder nicht (dann entsteht ein Kreis). Zum Beispiel ergibt $a = e^{i/12}$, $b = e^{i/8}$ die beiden kreisförmigen „Attraktoren" in Abbildung 11.10.

Ein Jahr nach Beendigung dieser Untersuchungen waren alle dieser numerisch-visuellen Entdeckungen mittels ausgeklügelter, aber traditioneller Methoden bewiesen und das Verhalten von Ramanujans Kettenbruch damit vollständig erklärt.

Die Vermutung von Robbins

Mitte der 1930er Jahre vermutete Herbert Robbins, dass Kommutativität, Assioziativität und das einzelne „Robbins-Axiom"

$$\neg(\neg(x \vee y) \vee \neg(x \vee \neg y)) = x$$

alle Axiome einer Booleschen Algebra implizieren. Es dauerte sechzig Jahre, diese Vermutung zu beweisen, und als sie dann im Jahre 1996 bewiesen wurde, geschah dies durch einen automatischen Theorembeweiser. Auch wenn dieses Beispiel nicht direkt zur Experimentellen Mathematik gehört, ist es doch ein weiterer Anhaltspunkt für die zunehmenden mathematischen Fähigkeiten des Computers. Dies gilt auch für unser nächstes und gleichzeitig letztes Beispiel dieser neuen Art von Mathematik.

Die Berechnung von E_8

Die Mathematik, die hinter der *exzeptionellen Lie-Gruppe* E_8 steht, und die Details ihrer Berechnung in 2007 befinden sich jenseits unserer Möglichkeiten, aber ihr reizvolles Bild soll hier gezeigt werden. Diese Gruppe E_8, die für Physiker interessant ist, hat ein zugehöriges *Wurzelsystem*, das aus 240 Vektoren in einem achtdimensionalen Raum besteht. Sie bilden die Ecken eines achtdimensionalen Objektes, das als *Gosset-Polytop* bezeichnet wird. In den 1960er Jahren skizzierte Peter McMullen von Hand eine zweidimensionale Darstellung davon. John Stembridge benutzte einen Computer, um die Darstellung nachzubilden, und erhielt das bemerkenswerte Diagramm, das in Abbildung 11.11 wiedergegeben wird.

Die Webseite des *American Institute of Mathematics*[4] sagt von dieser Mammutberechnung: „Diese Errungenschaft ist bedeutend sowohl als ein Fortschritt im Grundlagenwissen als auch wegen der vielen Zusammenhänge zwischen E_8 und anderen Gebieten, unter anderem Stringtheorie und Geometrie."

Diese Berechnung war sowohl mathematisch als auch rechentechnisch besonders ausgeklügelt und hat eine gewaltige Datenmenge erzeugt, die,

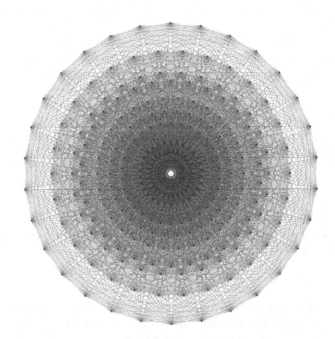

Abb. 11.11 Das Gosset-Polytop, das zu E_8 gehört.

---

[4] http://www.aimath.org/E8/

wie in jeder experimentellen Wissenschaft, von interessierten Mathematikern oder Physikern eingesehen und verwendet werden kann.

Untersuchungen

1. *Arithmetische Progressionen von Primzahlen.* Im Jahre 2004 bewiesen Ben Green und Terence Tao, der 2006 die Fields-Medaille erhielt, dass es beliebig lange arithmetische Progressionen von Primzahlen gibt [Green und Tao 08]. Genauer gesagt erbrachten sie den Nachweis, dass es für jedes $n > 0$ eine natürliche Zahl d gibt, so dass jede der Zahlen $p, p + d, p + 2d, \ldots, p + nd$ eine Primzahl ist. Diese Meisterleistung ist eine Gewalttour durch die traditionelle Mathematik, insbesondere (aber nicht nur) durch die analytische Zahlentheorie. Doch selbst hier spielten experimentelle Methoden eine Rolle. Die Autoren führen eine Reihe von Berechnungen an, bei denen nach langen arithmetischen Folgen in den Primzahlen gesucht wird. Damals bestand die längste bekannte solche Folge aus 23 Primzahlen in arithmetischer Progression. Seitdem hat man längere gefunden; die längste heute bekannte hat die Länge 26. Sie wurde im April 2010 von Benoât Perichon entdeckt, der Software von Jaroslaw Wroblewski und Geoff Reynolds in einem PrimeGrid-Projekt[5] benutzte. Die Rekord-Progression besteht aus den Zahlen $43142746595714191 + 5283234035979900 \cdot n$ für $n = 0, 1, \ldots, 25$. Wenn Sie eine längere finden können, wird Ihnen das wahrscheinlich keine Professur in Harvard (oder irgendwo sonst) einbringen, aber sicherlich zumindest eine Erwähnung in *Science News*.

2. *Diskrete dynamische Systeme.* Diese bieten eine Schatzkiste an experimentellen Möglichkeiten: Symbolische, numerische und grafische Rechnungen können alle zu neuen Erkenntnissen beitragen. Sie erhalten ein „diskretes dynamisches System", indem Sie eine stetige Abbildung $f : S \to S$ einer Menge in sich selbst nehmen und iterieren:

$$x_0 \in S, \; x_{n+1} := f(x_n). \tag{11.1}$$

Die Aufgabe besteht darin, das Verhalten dieses Systems zu untersuchen.

Wenn S ein reelles Intervall ist, besagt ein berühmter Satz von Oleksandr Sarkovskii: „Periode drei impliziert Chaos." In den Worten von Li und Yorke: „Wenn (11.1) einen Punkt mit Periode 3 hat, dann gibt es Punkte mit jeder beliebigen Periode" (und es folgt noch einiges mehr,

---

[5] PrimeGrid ist ein Projekt, das mit Methoden des verteilten Rechnens nach besonders großen Primzahlen oder Primzahlen mit speziellen Eigenschaften sucht.

[Li und Yorke 75]). Wie sehr diese Aussage in allgemeineren Situationen schiefgehen kann, zeigen die folgenden drei besonders einfachen Systeme in der Euklidischen Ebene. In jedem Fall besteht die Herausforderung für Sie darin, das Verhalten des Systems zu ergründen.

(a) $a_0 := (x, 0)$, $a_1 := (0, y)$, $a_{n+1} := |a_n| - a_{n-1}$ $(|(u, v)| := (|u|, |v|))$.

(b) $a_0 := x$, $a_{n+1} := \frac{y^2 + a_n^2}{2}$.

(c) $(u, v) \leftarrow (v, u^2 - v^2)$. Anders gesagt, $u_{n+1} := v_n$ und $v_{n+1} := u_n^2 - v_n^2$.

3. *Visualisierung einer Ungleichung.* Abbildung 11.12 zeigt in Schwarz die Punkte auf dem Einheitskreis der komplexen Ebene, für die die Ungleichung

$$\left| \frac{\sum_{n=-\infty}^{\infty} q^{(n+1/2)^2}}{\sum_{n=-\infty}^{\infty} q^{n^2}} \right| \leq 1$$

gilt. Beachten Sie den auffallenden Grad an Wiederholung und Selbstähnlichkeit; beachten Sie aber auch, dass jeder Punkt des Intervalls $[0, 1]$ schwarz ist – auf der reellen Achse passiert nichts Aufregendes. Dies ist eng verwandt mit Ramanujans arithmetisch-geometrischem Kettenbruch, den wir in diesem Kapitel diskutiert haben.

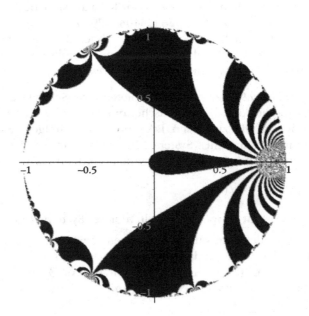

Abb. 11.12 Die Lösungen einer komplexen Ungleichung.

Antworten und weitere Betrachtungen

Kapitel 1

1. *Folgen erkennen.* Sie können alle diese Folgen in Sloanes Enzyklopädie finden. Dort sind auch viele weitere Informationen enthalten.

   (a) Dies sind die ersten *vollkommenen Zahlen*, also Zahlen, die gleich der Summe ihrer echten Teiler sind: $6 = 1 + 2 + 3$, $28 = 1 + 2 + 4 + 7 + 14$, usw.

   (b) Die *Motzkin-Zahlen*. Für diese Zahlen gibt es verschiedene (meist kombinatorische) Interpretationen. Zum Beispiel kann man sie definieren als die Anzahl der Möglichkeiten, n Punkte auf einem Kreis durch Sehnen, die sich gegenseitig nicht überschneiden, zu verbinden. Eine andere Möglichkeit ist, sie als die Anzahl der Pfade in der Ebene zu definieren, die die Punkte $(0,0)$ und $(n,0)$ verbinden, aus den Geradenstücken $(1,1)$, $(1,-1)$ und $(1,0)$ bestehen und niemals die x-Achse unterschreiten. Die (gewöhnliche) erzeugende Funktion ist $(1 - \sqrt{1 - 2x - 3x^2})/(2x^2)$.

   (c) Die *Bellschen Zahlen*, deren exponentiell erzeugende Funktion $e^{e^x - 1}$ ist.

   (d) Spezielle Werte der *Bell-Polynome*, in diesem Fall die Anzahl der Möglichkeiten, n nummerierte Bälle in n nicht markierten (aber zweifarbigen) Urnen zu platzieren.

   (e) Dies ist *Aronsons Folge*, die mit den angegebenen Werten nur dann beginnt, wenn man auf Englisch arbeitet. Dann ist ihre Definition „t is the first, fourth, eleventh, ... letter of this sentence". Auf Deutsch würde die Folge mit 1, 4, 11, 17, 22, 32, ... beginnen („t ist der erste, vierte, elfte, ... Buchstabe dieses Satzes"). Doch auf Deutsch lässt sich die Folge in der Enzyklopädie nicht finden.

(f) Die Anzahl der möglichen Schachspiele nach n Zügen.

2. *Das 3n + 1-Problem.* Zum $3n + 1$-Problem gibt es eine große Menge an Literatur. Auf vieles davon kann über die Webseiten von MathWorld, Pla-netMath oder über den Index in dem Übersichtsartikel von Jeff Lagarias unter

   http://www.cecm.sfu.ca/organics/papers/lagarias/index.html

zugegriffen werden.

3. *Kettenbrüche.*
$$\pi = [3, 7, 15, 1, 292, 1, 1, 1, 2, 1, \ldots],$$
$$e = [2, 1, 2, 1, 1, 4, 1, 1, 6, 1, \ldots].$$

Kapitel 2

1. *BBP-Formeln.* Eine ausführliche Diskussion von BBP-Formeln für Loga-rithmen und Arcustangenswerte finden Sie in Abschnitt 3.6 von *Mathe-matics by Experiment.* Wie dort erläutert wird, sieht es so aus, als gäbe es keine solche Formel für den natürlichen Logarithmus von 23. Für (b) π^2 zu den Basen 2 und 3 und für (c) die Catalansche Konstante in Binär-darstellung gibt es die Formeln:

$$\pi^2 = \frac{9}{8} \sum_{k=0}^{\infty} \frac{1}{64^k} \left(\frac{16}{(6k + 1)^2} - \frac{24}{(6k + 2)^2} - \frac{8}{(6k + 3)^2} \right.$$
$$\left. - \frac{6}{(6k + 4)^2} + \frac{1}{(6k + 5)^2} \right),$$

$$\pi^2 = \frac{2}{27} \sum_{k=0}^{\infty} \frac{1}{729^k} \left(\frac{243}{(12k + 1)^2} - \frac{405}{(12k + 2)^2} - \frac{81}{(12k + 4)^2} \right.$$
$$- \frac{27}{(12k + 5)^2} - \frac{72}{(12k + 6)^2} - \frac{9}{(12k + 7)^2} - \frac{9}{(12k + 8)^2}$$
$$\left. - \frac{5}{(12k + 10)^2} + \frac{1}{(12k + 11)^2} \right),$$

$$G = \frac{1}{1024} \sum_{k=0}^{\infty} \frac{1}{4096^k} \left(\frac{3072}{(24k + 1)^2} - \frac{3072}{(24k + 2)^2} - \frac{23040}{(24k + 3)^2} \right.$$
$$+ \frac{12288}{(24k + 4)^2} - \frac{768}{(24k + 5)^2} + \frac{9216}{(24k + 6)^2} + \frac{10368}{(24k + 8)^2}$$
$$\left. + \frac{2496}{(24k + 9)^2} - \frac{192}{(24k + 10)^2} + \frac{768}{(24k + 12)^2} - \frac{48}{(24k + 13)^2} \right.$$

$$+ \frac{360}{(24k+15)^2} + \frac{648}{(24k+16)^2} + \frac{12}{(24k+17)^2} + \frac{168}{(24k+18)^2}$$
$$+ \frac{48}{(24k+20)^2} - \frac{39}{(24k+21)^2} \Big).$$

Eine präzise Version unserer Bemerkung über Formeln für π wird als Theorem 3.6 in *Mathematics by Experiment* gegeben.

2. *Für e ist zu keiner Basis eine BBP-Formel bekannt.* In der Literatur gibt es auffällig wenige Reihen für e im Vergleich zu π. Dies mag daran liegen, dass die Taylor-Reihe für e so effizient ist, dass es keinen Grund gab, sich weiter umzusehen. Um zum Beispiel e^{100} mit hoher Genauigkeit zu berechnen, kann man stattdessen $e^{100/128}$ berechnen, was wesentlich schneller konvergiert, und dann die Antwort siebenmal quadrieren.

3. *Tröpfel-Algorithmen für π und e.* Der ganze Problemkreis um Normalität und Algorithmen für Ziffern wird recht ausführlich in Kapitel 4 von *Mathematics by Experiment* diskutiert. Es lohnt sich zu betonen, wie wenig bewiesen werden kann. So ist vermutet worden, dass unter den Binärziffern von $\sqrt{2}$ asymptotisch die gleiche Anzahl an Nullen wie an Einsen vorkommt; doch das Beste, was man beweisen kann, ist, dass die Anzahl der Einsen bis zur n-ten Stelle asymptotisch mindestens gleich $\sqrt{n}$ sein muss. Ebenso wenig kann man beweisen, dass die Dezimalentwicklung von π unendlich viele Ziffern 7 (oder 2 oder ...) hat. Und doch ist es so!

Kapitel 3

1. *Erkennen Sie diese Zahlen?*

   (a) $\sqrt{2} + \sqrt{3}$,

   (b) $\sqrt[3]{2} + \sqrt{3}$,

   (c) $1 + e^{\pi}$,

   (d) $\pi^e - 2$,

   (e) $\pi^2 + e\pi - 10$.

   (f) Die reelle Nullstelle von $z^3 - z - 1$. (Eine alternative Antwort für (f) ist, dass es sich um die kleinste *Pisot-Zahl* handelt, also um eine Zahl α mit der Eigenschaft

$$\lim_{n\to\infty} \text{dist}\,(\alpha^n, \mathbb{N}) = 0,$$

   wobei dist$(x, \mathbb{N})$ den Abstand von x zur nächsten ganzen Zahl bezeichnet. Der Goldene Schnitt $S := (\sqrt{5} + 1)/2$ hat auch diese Eigenschaft, da man mit $s := (1 - \sqrt{5})/2$ die Identität $s^n + S^n = L_n$ erhält, wobei die L_n ganze Zahlen sind, die sogenannten *Lucas-Zahlen*, die dieselbe Rekursion wie die Fibonacci-Zahlen erfüllen, nur mit der Anfangsbedingung $L_0 = 2, L_1 = 1$.)

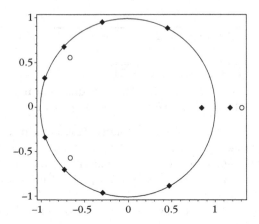

Abb. A.13 Die Nullstellen von Lehmers Polynom und die Nullstellen des zur kleinsten Pisot-Zahl gehörenden Polynoms.

(g) Dies ist die größere der beiden reellen Nullstellen von *Lehmers Polynom*

$$z^{10} + z^9 - z^7 - z^6 - z^5 - z^4 - z^3 + z + 1.$$

Im Jahr 1933 vermutete Lehmer, dass es die kleinste *Salem-Zahl* ist (d.h., alle anderen Nullstellen liegen innerhalb oder auf dem Rand des Einheitskreises).

Abbildung A.13 zeigt die Nullstellen von Lehmers Polynom (die zehn Rauten) und des Polynoms aus (f) (die drei Kreise).

(h) Diese Zahl hat die Kettenbruchentwicklung $[0, 1, 2, 3, 4, 5, \ldots]$ und ist der Quotient der beiden Bessel-Funktionen $I_1(2)/I_0(2)$. Im Internet können Sie viele Informationen über Kettenbrüche mit arithmetischen Progressionen finden, allerdings meistens auf Englisch. Wenn Sie zum Beispiel „arithmetic continued fraction" in eine Suchmaschine eingeben, erhalten Sie weitere Informationen. Auch Sloanes Enzyklopädie wird Sie dorthin führen, wenn Sie sie nach den Ziffern fragen.

2. *Erkennen Sie diese Reihe?* Der Wert der Reihe ist $32/\pi^3$. Dies wurde von Gourevitch unter Verwendung von Integerrelationsmethoden entdeckt. Ein Beweis ist bisher nicht bekannt.

3. *Eine weitere Betrachtung.* Es gibt einen schönen Satz von Gelfond und Schneider, der besagt, dass α^β immer dann transzendent ist, wenn α und β (eventuell komplexe) algebraische Zahlen sind mit α nicht 0 oder 1 und β irrational. Daraus folgt, dass e^π transzendent ist (da $e^{-\pi/2} = e^{i^2 \pi/2} = i^i$). Andererseits ist die Irrationalität von π^e noch nicht bewiesen (oder die von $\pi \cdot e$ oder $e + \pi$).

Kapitel 4

1. *Geschlossene Darstellungen für* $\zeta(2n), \beta(2n+1)$.

   (a) Die geraden Zetawerte können auch mittels geläufiger Fourier-Methoden ausgewertet werden. Doch alle Methoden scheitern im Fall der ungeraden Zetawerte. Wie wir sehen konnten, haben die geraden Zetawerte die geschlossene Form

   $$\zeta(2m) = \frac{(-1)^{m-1}(2\pi)^{2m}B_{2m}}{2(2m)!}$$

   mit B_{2m} als der $(2m)$-ten *Bernoulli-Zahl* (wie in Kapitel 4 definiert). Wenn Sie mehr über die Bernoulli-Zahlen wissen wollen, ist zum Beispiel die deutsche Wikipedia ein guter Platz, um mit der Suche zu beginnen.

   (b) In diesem Fall haben wir

   $$\beta(2m+1) = \frac{(-1)^m(\pi/2)^{2m+1}E_{2m}}{2(2m)!},$$

   wobei die (geraden) Eulerschen Zahlen durch

   $$\sec(x) = \sum_{n=0}^{\infty} \frac{(-1)^n E_{2n}x^{2n}}{(2n)!},$$

   definiert sind und mit $1, -1, 5, -61, 1385$ beginnen, wie in Kapitel 3 diskutiert.

   Ramanujan fand die Identität

   $$\zeta(3) = \frac{7\pi^3}{180} - 2\sum_{k=1}^{\infty} \frac{1}{k^3(e^{2\pi k} - 1)},$$

   worin der durch die hyperbolische Reihe gegebene „Fehler" etwa gleich $-0{,}003742745$ ist. Soweit wir wissen, kommt dies einem Ausdruck für $\zeta(3)$ als rationales Vielfaches von π^3 noch am nächsten.

2. *Multidimensionale Zetafunktionen.* $\zeta(2,1) = \zeta(3)$. Borwein und David Bradley haben dafür 32 Beweise gefunden [Borwein und Bradley 06], die verschiedene kombinatorische, algebraische und analytische Zugänge zu mehrdimensionalen Zetawerten illustrieren. Der vielleicht einfachste Beweis benutzt ein Teleskop-Argument, bei dem man

   $$S := \sum_{n,k>0} \frac{1}{nk(n+k)} = \sum_{n,k>0} \frac{1}{n^2}\left(\frac{1}{k} - \frac{1}{n+k}\right)$$

   $$= \sum_{n=1}^{\infty} \frac{1}{n^2} \sum_{k=1}^{n} \frac{1}{k} = \zeta(3) + \zeta(2,1)$$

schreibt. Aufgrund der Symmetrie haben wir andererseits

$$S = \sum_{n,k>0} \left(\frac{1}{n} + \frac{1}{k} \right) \frac{1}{(n+k)^2}$$

$$= \sum_{n,k>0} \frac{1}{n(n+k)^2} + \sum_{n,k>0} \frac{1}{k(n+k)^2} = 2\zeta(2,1),$$

womit wir fertig sind.

3. *Die Riemannsche Vermutung.*

(a) Wie Abbildung A.14 zeigt, gibt es sechs Nullstellen in dem geforderten Intervall.

Mit 20 Stellen Genauigkeit sind diese Nullstellen gleich

14,134725141734693790,   21,022039638771554993,

25,010857580145688763,   30,424876125859513210,

32,935061587739189691,   37,586178158825671257.

Am besten plotten Sie erst die Funktion, da die üblichen Nullstellen-Routinen mit ziemlicher Sicherheit Ihre Hilfe bei der Eingrenzung der Nullstellen benötigen und bei der Bestätigung, dass Ihnen keine Nullstelle *entgangen* ist.

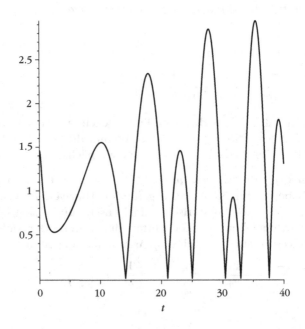

Abb. A.14 Die sechs Nullstellen in dem gegebenen Intervall.

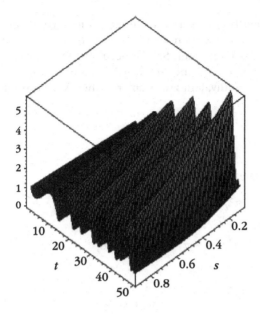

Abb. A.15 Haben Sie solch ein Bild erhalten?

Von den ersten 1,5 Millionen Nullstellen ist bekannt, dass sie auf der kritischen Geraden liegen,[1] so wie das auch von allen Nullstellen bekannt ist, deren Imaginärteil unterhalb von 10^{13} liegt. Leider gilt das „Gesetz der kleinen Zahlen" hier immer noch. Andrew Odlyzko, der zwanzig Milliarden Nullstellen um die 10^{23}ste berechnet hat, denkt, dass man noch wesentlich mehr numerische Bestätigung benötigt, bevor man von der Wahrheit der Riemannschen Vermutung überzeugt sein kann.[2] Was genau ist hier mit „wesentlich" gemeint? Odlyzko meint, man sollte seine Zahl 10^{23} nehmen und noch zweimal potenzieren.

(b) Sie müssten ein Bild erhalten haben, das so ähnlich wie das in Abbildung A.15 aussieht.

Überraschenderweise sieht es so aus, als ob es für die Parallelen zur x-Achse immer nur eine von drei Möglichkeiten gibt: monoton steigend, monoton fallend oder erst das eine, dann das andere (was die ersten zwei Fälle mit einschließt). Dies wurde im Jahre 2002 in einem

---

[1] In Gourdans Arbeit von 2004, die unter

http://numbers.computation.free.fr/Constants/Miscellaneous/zetazeros1e13-1e24.pdf

erhältlich ist, werden einige moderne, hochgradig raffinierte Rechenmethoden aufgeführt, mit denen man Nullstellen finden kann.

[2] Details finden Sie unter http://www.dtc.umn.edu/~odlyzko/zeta_tables/.

Funktionentheorie-Kurs für Studenten im Grundstudium entdeckt.[3] Wenn Sie das beweisen könnten, wären Sie in der mathematischen Gemeinschaft auf einen Schlag berühmt, Ihr Name würde in die Geschichte eingehen, und Sie würden eine Million Dollar gewinnen. Denn es ist äquivalent zur Riemannschen Vermutung!

Kapitel 5

1. *Integration.* Die sieben Lösungen sind

   (a) $4\pi \log^2 2 + \pi^3/3$,

   (b) $-\pi(\log 2)/8 + G/2$,

   (c) $(\log 2)/2 + \pi^2/32 - \pi/4 + \pi(\log 2)/8$,

   (d) $\pi \log(2)$,

   (e) $\log \pi - 2\log 2 - \gamma$,

   (f) $\pi/\sqrt{2}$,

   (g) $-\pi^3/12 + 2\pi \log 2 + \pi^3/3 \log 2 - 3\pi/2\zeta(3)$.

Die Euler-Mascheroni-Konstante ist durch

$$\gamma = \lim_{n \to \infty} \left(1 + \frac{1}{2} + \ldots + \frac{1}{n} - \log n \right)$$

definiert, wobei auch zu beweisen ist, dass der Grenzwert existiert. Es ist noch nicht bewiesen, dass die Konstante irrational ist. Wäre sie rational, hätte der Zähler mindestens zehn Millionen Stellen, was fantastisch wäre, da die gut zwanzig Zeichen in der Definition dann zwei sehr große ganze Zahlen codieren würden. Eine schöne Integraldarstellung ist

$$\gamma = \int_0^\infty \left(\frac{1}{e^t - 1} - \frac{1}{te^t} \right) dt.$$

Kapitel 6

Sind Sie bei der Ungleichung

$$2 + \frac{2}{45} x^3 \tan x > \frac{\sin^2 x}{x^2} + \frac{\tan x}{x} > 2 + \frac{16}{\pi^4} x^3 \tan x > 2$$

für $0 < x < \pi/2$ überhaupt vorangekommen?

   Dieses Beispiel ist sogar noch etwas erhellender ausgefallen, als wir ursprünglich vorgehabt hatten. *Wilkers Ungleichung*, die wir aus *Experimenta-*

---

[3] Vgl. [Saidak und Zvengrowski 03].

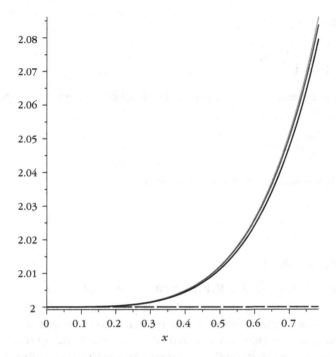

Abb. A.16 Die vier Funktionen (einschließlich der Geraden $x = 2$) in Wilkers Ungleichung.

tion in Mathematics übernommen haben, kann so, wie wir sie hingeschrieben haben, nicht richtig sein, da $2/45 < 16/\pi^4$.

Eine Suche im Internet[4] enthüllte, dass die korrekte Ungleichung

$$2 + \frac{8}{45}x^3 \tan x > \frac{\sin^2 x}{x^2} + \frac{\tan x}{x} > 2 + \frac{16}{\pi^4}x^3 \tan x > 2$$

lautet. Damit sehen wir, dass die „bestmögliche" Konstante 8/45 aus der richtigen Reihe um 0 stammt, da

$$\frac{\sin^2 x}{x^2} + \frac{\tan x}{x} = 2 + \frac{8}{45}x^4 + O(x^6).$$

Auch sehen wir, dass die Ungleichungen recht gut sind, solange wir uns von $\pi/2$ fernhalten.

Die Taylor-Reihe zu berechnen, ist eine andere Methode, um Fehler zu finden. Inwiefern ist $16/\pi^4$ bestmöglich? (Beachten Sie, dass $8\pi^4/(16 \cdot 45) = \zeta(4)$ ist.) Die Ungleichung ist in Abbildung A.16 dargestellt.

---

[4] Es ist immer noch wesentlich einfacher, nach Objekten mit Namen wie „Wilker's inequality" zu suchen als nach mathematischen Formeln, und das wird sicher auch noch eine Weile so bleiben. Außerdem ist das Internet immer noch hauptsächlich englischsprachig, so dass eine Suche nach „Wilkers Ungleichung" leider kein Ergebnis bringt.

Wie sind Sie mit der Reihe

$$\sum_{n=0}^{\infty} \frac{(4n + 3)\,\binom{2n}{n}^2}{(n + 1)^2\, 2^{4n+2}}$$

zurechtgekommen? Die Antwort ist 1. Die endliche Summe der ersten $N - 1$ Terme ergibt

$$1 - \binom{2N}{N}^2 \Big/ 2^{4N},$$

was durch Induktion gezeigt werden kann.

Kapitel 7

1. *Schnelle Arithmetik.*

   (a) Die Iteration für den Kehrwert ist $x_{n+1} = x_n(2 - x_n b)$.

   (b) Die Iteration $x_{n+1} = x_n(3 - b x_n^2)/2$ produziert $1/\sqrt{b}$, ohne eine Division zu benutzen. Wenn Sie nun das Ergebnis mit b multiplizieren, erhalten Sie $\sqrt{b}$. Demnach ist es realistisch, die Berechnung des Kehrwertes als drei- bis viermal so schwer wie eine Multiplikation zu betrachten, und das Ziehen einer Wurzel als sechsmal so schwer.

2. *Monte-Carlo-Berechnung von π.* Früher waren die Pseudozufallsgeneratoren auf den damals erhätlichen Rechnern oft noch ziemlich schlecht, so dass eine Monte-Carlo-Berechnung zwar keine gute Methode war, um Stellen von π zu entdecken, dafür aber gut geeignet, um Probleme mit dem eingebauten Zufallszahlengenerator aufzudecken.

3. *Konvergenzgeschwindigkeiten.* Die Iterationen konvergieren gegen e^{π}. Die Iteration in (a) konvergiert quadratisch (Sie müssen mit etwa der doppelten benötigten Genauigkeit rechnen), die in (b) beklagenswert langsam. Die erste Iteration zeigt, dass e^{π} die transzendente Konstante ist, die sich am einfachsten berechnen lässt. Sie können den Grenzwert als ein schnell konvergentes Produkt ausdrücken,

$$e^{\pi} = 32 \prod_{k=0}^{\infty} \left(\frac{1 + x_k}{2} \right)^{2^{-k+1}},$$

wobei

$$x_{k+1} = \frac{2\sqrt{x_k}}{1 + x_k} \quad \text{und} \quad x_0 := \frac{1}{\sqrt{2}}.$$

Die schnellen Algorithmen für π „ziehen den Logarithmus" auf clevere Weise.

Kapitel 8

1. *Die Psi-Funktion.* In ähnlicher Weise gilt auch

$$\zeta(\overline{2}, 1) := \sum_{n=1}^{\infty} (-1)^n \frac{H_{n-1}}{n^2} = \frac{\zeta(3)}{8}.$$

Wie ein Zauberer, der ein Kaninchen aus dem Hut zieht, definieren wir zum Beweis

$$J(x) := \sum_{n=1}^{\infty} H_{n-1} x^n / n^2$$

und behaupten, dass J die Funktionalgleichung

$$J(-x) = -J(x) + \frac{1}{4} J(x^2) + J\left(\frac{2x}{x+1}\right) - \frac{1}{8} J\left(\frac{4x}{(x+1)^2}\right)$$

erfüllt. Wenn Sie nun $x = 1$ setzen, erhalten Sie $\zeta(\overline{2}, 1) = J(-1) = J(1)/8 = \zeta(2, 1)/8 = \zeta(3)/8$.

Um die Funktionalgleichung zu beweisen, müssen Sie nur ableiten und vereinfachen. Und wie Sie sie *entdecken* können? Dazu müssen Sie sich entschließen, nach einer Relation in dieser Form zu suchen. Finden können Sie sie dann mit Integerrelationsmethoden.

2. *Was ist κ?* An der Dezimaldarstellung kann man nichts erkennen, aber es *könnte* sein, dass sich im Kettenbruch eine Regelmäßigkeit versteckt. So erwartet man, da die Teilnenner bei fast allen reellen Zahlen der Gauß-Kuzmin-Verteilung gehorchen, dass etwa 41 % der Einträge Einsen sind. Der Kettenbruch von κ auf 50 Stellen Genauigkeit ist

$$[2, 3, 10, 7, 18, 11, 26, 15, 34, 19, 42, 23, 50, 27, 58, 31, 66, 35, 73].$$

Unter Vernachlässigung des letzten Eintrags (der normalerweise ohnehin mit Rundungsfehlern behaftet ist) springt Ihnen ein Muster entgegen. Sie sehen zwei sich abwechselnde arithmetische Folgen. Insbesondere bedeutet dies, dass der Kettenbruch nicht periodisch ist, κ also keine quadratische Irrationalzahl ist,[5] was zeigt (wenn einmal der Kettenbruch bewiesen ist), dass $e^{\sqrt{2}}$ irrational ist.

Kapitel 9

1. *Grenzwerte finden.*

   (a) Wenn der Grenzwert existiert, ist er (unabhängig von a) gleich $(\sqrt{5} - 1)/2$. Der Grenzwert existiert in einem Intervall.

---

[5] Ein berühmtes Resultat von Lagrange besagt, dass ein unendlicher nichtperiodischer Kettenbruch nicht von einer Rational- oder einer quadratischen Irrationalzahl kommen kann. Sie können „periodischer Kettenbruch" in eine Suchmaschine eingeben.

(b) Der Grenzwert ist $(\sqrt{13} - 1)/2$.

(c) Der Grenzwert ist $\pm \tan(\theta)$.

2. *Hirschborns Grenzwert.* Der Grenzwert ist 2/3.

3. *Iteration von Mitteln.*

(a) Der Grenzwert ist $L(a, b) = \sqrt{ab}$.

(b) Der Grenzwert ist $L(a, b) = (a - b)/\log(a/b)$, wenn a ungleich b ist (wobei der Fall $a = b$ korrekt als Grenzübergang interpretiert werden kann).

In beiden Fällen besteht ein Beweis aus der folgenden Argumentation.

Der Grenzwert ist stets ein Mittel und muss deshalb das eindeutig bestimmte Mittel sein, für das das *Invarianzprinzip* $L(a_n, b_n) = L(a_{n+1}, b_{n+1})$ gilt, weil dann

$$L(a, b) = L(a_n, b_n) = L(a_{n+1}, b_{n+1})$$
$$= L\left(\lim_{n \to \infty} a_n, \lim_{n \to \infty} b_n \right) = (M \otimes N)(a, b)$$

ist, wobei ausgenutzt wurde, dass L ein Mittel ist. Es macht Spaß, diese Invarianz in einem Computeralgebrasystem zu prüfen.

Mit demselben Ansatz können Sie auch zeigen, dass die Iteration von Archimedes, die wir in Kapitel 7 diskutiert haben, ein Spezialfall einer unsymmetrischen Iteration von Mitteln ist. Genauer gesagt sollten Sie in der Lage sein zu beweisen, dass man für

$$H(a, b) := (2ab)/(a + b), \quad N(a, b) := \sqrt{2ab^2/(a + b)}$$

mithilfe des Invarianzprinzips für $a > b > 0$ die Identität

$$(H \otimes N)(a, b) = \frac{ab \arccos(b/a)}{\sqrt{a^2 - b^2}}$$

erhält.

Wenn man zeigt, dass

$$I(a, b) := \int_0^{\pi/2} \frac{dt}{\sqrt{a^2 \cos^2(t) + b^2 \sin^2(t)}}$$

die Identität $I(a, b) = I((a + b)/2), \sqrt{ab})$ erfüllt, begründet das Invarianzprinzip auch $(A \otimes G)(a, b) = \frac{\pi}{2}/I(a, b)$,[6] wobei wie üblich A und G das arithmetische und das geometrische Mittel sind.

---

[6] Es ist eine interessante Herausforderung, diese Invarianz auch in einem Computeralgebrasystem herzuleiten.

Kapitel 10

1. *Vereinfachung.* Die beiden reellen Zahlen

$$\alpha_1 = \sqrt[3]{\frac{3^{5/3} - 6}{2}} \quad \text{und} \quad \alpha_2 = -\sqrt[3]{\frac{3 \cdot 7^{1/3} - 5}{2}}$$

können beide mittels ISC oder über eine Berechnung des Minimalpolynoms gefunden werden. Im zweiten Fall haben Sie vermutlich eher Erfolg, wenn Sie nach der dritten Potenz suchen. Wenn Sie die Ausdrücke in ein Computeralgebrasystem eingegeben haben, wird es Ihnen wahrscheinlich die dritten Wurzeln aus etwas Negativem als komplexe Zahlen zurückgegeben haben! Sie hätten die Mehrdeutigkeit vermeiden können, wenn Sie im ersten Fall

$$\alpha_1 := \sqrt[3]{\cos(2\pi/9)} + \sqrt[3]{\cos(4\pi/9)} - \sqrt[3]{\cos(\pi/9)}$$

eingegeben hätten, aber menschliche Mathematik ist ohnehin stets voll von Mehrdeutigkeiten.

2. *Ein neueres Problem aus dem American Mathematical Monthly.* Folkmar Bornemanns hübsche Lösung in Maple 9.5 zeigt zunächst, dass $\sigma(m, n)$ nicht von n abhängt, und dann, dass $\sigma(m, m) = 4^m$ ist. Unglücklicherweise führt ein Fehler in Maple 10 und aufwärts dazu, dass dort $\sigma(m, m)$ als $3 \cdot 4^m$ ausgewertet wird. Mathematica benötigt zwar sehr viel mehr Überredung, vermeidet diesen Fehler aber.

Kapitel 11

2. *Diskrete dynamische Systeme.*

(a) Für jeden Punkt (x, y) ergibt sich ein Zyklus, der aus neun Schritten besteht. Dies kann durch numerisches Iterieren entdeckt werden, aber ein besserer Ansatz ist es, die Orbits zu plotten – so wie in Abbildung A.17 gezeigt.

Dies kann sogar *bewiesen* werden, indem man die Abbildung in einem Computeralgebrasystem (also symbolisch) neunmal mit sich selbst verknüpft und das Ergebnis mit etwas Umsicht vereinfacht. Zum Beispiel erzeugt man in Maple mit

```
> d1:=proc(x,y,N) local n, u; u[0]:=[x,0];
    u[1]:=[0,y];
  for n to N-1 do
    u[n+1]:=[abs(u[n][1])-u[n-1][1],
            abs(u[n][2])-u[n-1][2]]
  od; end;
```

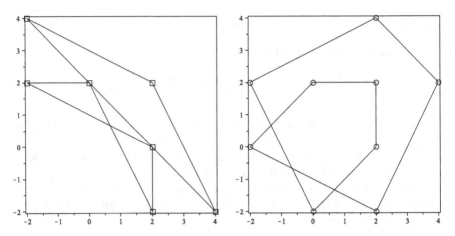

Abb. A.17 Das Bild links ergibt sich, wenn man mit den Startwerten $x = 2$, $y = 2$ zwanzigmal iteriert, rechts mit $x = -2$, $y = 2$. Wir sehen jedes Symbol nur höchstens neunmal.

die N-te Iterierte. Dann ergibt sich

> d1(x,y,9);

$$[[||| - | - ||x| + x| + |x|| + |x| + x| - ||x| + x| + |x|| - | - ||x|$$
$$+ x| + |x|| + |x| + x| - | - | - ||x| + x| + |x|| + |x| + x| + ||x|$$
$$+ x| - |x|, | - | - ||| - | - |y| + y| + |y|| - |y| + y| - | - |y|$$
$$+ y| + |y|| + | - | - |y| + y| + |y|| - |y| + y| + || - | - |y| + y|$$
$$+ |y|| - |y| + y| - | - |y| + y| + |y|| - ||| - | - |y| + y| + |y||$$
$$- |y| + y| - | - |y| + y| + |y|| + | - | - |y| + y| + |y|| - |y| + y|]$$

> simplify(d1(x,y,9)) assuming x>0,y>0;

$$[x, 0]$$

> simplify(d1(x,y,10)) assuming x>0,y>0;

$$[0, y]$$

Auf dieselbe Weise können wir prüfen, dass die anderen drei Möglichkeiten, die Vorzeichen zu wählen, zu ähnlichen Ergebnissen führen.

Alternativ können Sie auch die Matrizen

$$A := \begin{pmatrix} 0 & 1 \\ -1 & 1 \end{pmatrix}, \quad B := \begin{pmatrix} 0 & 1 \\ -1 & -1 \end{pmatrix}$$

benutzen, um die Iteration darzustellen (finden Sie heraus, wie wir das meinen?). Dann werden Sie entdecken, dass $B^3 = I = -A^3$ ist

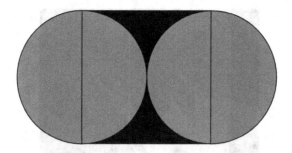

Abb. A.18 Konvexe Hülle der Kreise mit Mittelpunkten bei $(\pm 1, 0)$.

und dass man die *symbolische Dynamik* des Systems darauf reduzieren kann zu zeigen, dass sich jedes mögliche Wort von „Bewegungen" auf einen String der Form $A^3BA^3B^2 = I$ zurückführen lässt.

(b) Jede Iterierte ist ein Polynom in x und y. Die sechste Iterierte füllt schon einen oder zwei Bildschirme. Wenn der Grenzwert λ existiert, muss gelten:

$$1 - y^2 = (1 - \lambda)^2.$$

Die Iteration konvergiert dann und nur dann, wenn $(x, y) \in C$ ist, wobei C, dargestellt in Abbildung A.18, die konvexe Hülle der Kreise mit Radius 1 und Mittelpunkt bei $(\pm 1, 0)$ ist.

Um dieses Resultat zu entdecken, schreiben Sie ein kurzes Programm, das (i) diejenigen Punkte $(i/N, j/N)$ für beispielsweise $0 \leq i, j < 4N$ ermittelt, für die die ersten M Iterierten in einem bestimmten Intervall bleiben (dies kann sogar das Einheitsintervall sein), und (ii) diese Punkte zeichnet. Abhängig von der Feinheit Ihres Gitters sollte etwas herauskommen, was wie die beiden Skizzen in Abbildung A.19 aussieht. (Wir haben die Symmetrie ausgenutzt und des-

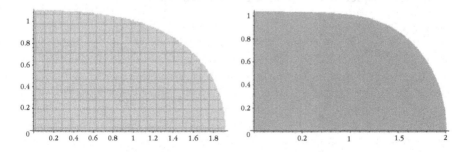

Abb. A.19 Hat Ihr Ergebnis ungefähr so ausgesehen?

Abb. A.20 Das Leben wird kompliziert.

halb nur die Punkte mit positiven Koordinaten untersucht.) Vor allem im linken Bild geht das Konvergenzgebiet über den Punkt $(0, 1)$ hinaus, was die langsamere Konvergenz in der Nähe dieses Punktes widerspiegelt.

(c) Hier sind drei Behauptungen, die Sie beweisen können: (i) Es gibt keinen Punkt mit Periode zwei. (ii) Es gibt Punkte mit Periode drei (so dass „Periode drei impliziert Chaos" in der Ebene nicht ganz stimmen kann). (iii) Wenn die Startwerte im offenen Einheitsquadrat liegen (also $|u_0| < 1$, $|v_0| < 1$), dann konvergiert die Iteration gegen den Ursprung.

Anderswo wird das Leben kompliziert. Man kann zeigen, dass es divergente Orbits gibt. Abbildung A.20 fasst zusammen, was zu geschehen *scheint*, wenn wir nach vielen Iterationen die Punkte plotten, die scheinbar konvergiert sind (dann notwendigerweise gegen den Ursprung). Dunklere Farbtöne zeigen an, dass die Konvergenz langsamer war, und schwarze Punkte, dass keine Konvergenz vorlag. Dieses Beispiel stammt von Marc Chamberland.

Schlussgedanke

Es ist völlig vernünftig anzunehmen, dass viele wahre Aussagen der Mathematik keinen Beweis haben oder zumindest nichts, von dem wir jemals überzeugt sein könnten, dass es ein Beweis ist. Allgemeiner gesagt, haben die Erfahrungen, die bei der experimentellen Arbeit gewonnen wurden, nur wenig (oder gar keinen) Zusammenhang gezeigt zwischen der Schwierigkeit, etwas zu *entdecken*, und der Schwierigkeit, es anschließend zu *beweisen*. Tatsächlich gibt es auch *a priori* keinen Grund für irgendeinen derartigen Zusammenhang.

Aus ähnlichen Überlegungen stammt das „heuristische Prinzip", das Gregory Chaitin vermutet hat und das besagt, dass die Theoreme einer endlich erzeugbaren Theorie nicht wesentlich komplexer sein können als die Theorie selber. Kürzlich haben Cristian Calude und Helmut Jürgensen eine relativ starke Form dieser Vermutung bewiesen. Sie zeigten, dass die Theoreme einer konsistenten und endlich erzeugbaren Theorie, die die Arithmetik formalisieren kann (z. B. Peano-Arithmetik oder Zermelo-Fraenkel-Mengenlehre), beschränkte Komplexität haben [Calude und Jürgensen 05]. Daraus ergibt sich, dass *die Wahrscheinlichkeit, dass ein wahrer Satz in der Theorie beweisbar ist, gegen null geht, wenn seine Länge gegen unendlich geht, während die Wahrscheinlichkeit, dass ein Satz einer festen Länge wahr ist, strikt positiv ist.*

Deshalb können wir hier nur noch mutmaßen, ob man die empirischen Methoden, die wir diskutiert haben, nicht am besten als Werkzeuge ansehen kann, mit denen sich dieses Reich der wahren, aber unbeweisbaren (oder zumindest sehr schwer beweisbaren) Aussagen erforschen lässt. Hier sind ein paar prominente zahlentheoretische Kandidaten:

1. Gibt es ungerade vollkommene Zahlen? Bekannt ist, dass jede ungerade vollkommene Zahl einen Primfaktor haben muss, der größer ist als

hundert Millionen. (Zehn CPUs haben vier Monate für dieses Resultat benötigt.)

2. Gibt es unendlich viele gerade vollkommene Zahlen oder (was äquivalent ist) unendlich viele Mersenne-Primzahlen? Siehe auch http://research.att.com/~njas/sequences/A000043.

3. Ist Lehmers Vermutung wahr? Sie besagt, dass $\varphi(n)|(n-1)$ dann und nur dann gilt, wenn n eine Primzahl ist. Dabei bezeichnet $\varphi(n)$ die Eulersche φ-Funktion, die angibt, wie viele Zahlen kleiner als n zu n teilerfremd sind. Es ist bekannt, dass jedes Gegenbeispiel mindestens 15 ungerade Primteiler haben und sehr groß sein muss. (Wenn $3|n$, dann hat es mindestens eine Viertel Million Primteiler.)

Fragen wie die obigen wollen sorgsam durchdacht sein, auch weil das Fach aufgrund des bisher unaufhaltsamen Siegeszuges des *Mooreschen Gesetzes* dazu bestimmt zu sein scheint, immer abhängiger von einer Verlagerung der Forschung auf den Computer zu werden.

Ein IBM-Supercomputer der National Nuclear Security Administration, inoffiziell *Roadrunner* genannt, erreichte im Juni 2008 eine Arbeitsgeschwindigkeit von einem Petaflop – also 10^{15} arithmetischen Operationen pro Sekunde. Dies ist mehr als das 200-Milliardenfache der Geschwindigkeit des ENIAC vor nur 60 Jahren. Die Petaflop-Marke wurde zwei Jahre früher geknackt als selbst kürzlich noch vorausgesagt. Es ist interessant, dass der Roadrunner Prozessoren nutzt, die denen in handelsüblichen Spielkonsolen ähneln. Die Mathematik wird, *mutatis mutandis*, früher oder später tiefgreifende Änderungen erleben.

Aristotle and Plato
just walking away
into the setting sun

Literaturverzeichnis
und weitere Empfehlungen

Die folgende Liste enthält nicht nur Bücher und andere Veröffentlichungen, die wir hier explizit erwähnt haben, sondern auch einige (zum größten Teil neuere) Bücher unterschiedlichen Niveaus, die Sie vielleicht interessieren könnten.

[Adams 95] Colin Adams. *Das Knotenbuch. Einführung in die mathematische Theorie der Knoten.* Spektrum Akademischer Verlag, Heidelberg 1995.

[Arndt und Haenel 00] Jörg Arndt und Christoph Haenel. *Pi: Algorithmen, Computer, Arithmetik,* zweite Auflage. Springer, Berlin 2000 (eine dritte Auflage ist für 2011 angekündigt).

[Bailey et al. 97] David Bailey, Peter Borwein und Simon Plouffe. „On the Rapid Computation of Various Polylogarithmic Constants." *Mathematics of Computation* 66 (1997), 903–913.

[Bailey et al. 07] David Bailey, Jonathan Borwein, Neil J. Calkin, Roland Girgensohn, D. Russell Luke und Victor H. Moll. *Experimental Mathematics in Action.* A K Peters, Wellesley 2007.

[Bornemann et al. 06] Folkmar Bornemann, Dirk Laurie, Stan Wagon und Jörg Waldvogel. *Vom Lösen numerischer Probleme: Ein Streifzug entlang der „SIAM 10 × 10-Digit Challenge".* Springer, Berlin 2006.

[Boros und Moll 04] George Boros und Victor Moll. *Irresistible Integrals: Symbolics, Analysis, and Experiments in the Evaluation of Integrals.* Cambridge University Press, New York 2004.

[Borwein und Bailey 08] Jonathan Borwein und David Bailey. *Mathematics by Experiment: Plausible Reasoning in the 21st Century,* zweite Auflage. A K Peters, Wellesley 2008.

[Borwein und Borwein 87] Jonathan M. Borwein und Peter B. Borwein. *Pi and the AGM: A Study in Analytic Number Theory and Computational Complexity.* John Wiley & Sons, New York 1987 (als Paperback 1998).

[Borwein und Bradley 06] Jonathan Borwein und David Bradley. „Thirty Two Goldbach Variations." *International Journal of Number Theory* 21 (2006), 65–103.

[Borwein et al. 04] Jonathan Borwein, David Bailey und Roland Girgensohn. *Experimentation in Mathematics: Computational Paths to Discovery.* A K Peters, Natick 2004.

[Borwein et al. 10] Jonathan Borwein, O-Yeat Chan und Richard Crandall. „Higher-dimensional box integrals." *Experimental Mathematics,* zur Veröffentlichung angenommen im März 2010.

[Borwein D. et al. 07] David Borwein, Jonathan Borwein, Richard Crandall und R. Mayer. „On the Dynamics of Certain Recurrence Relations." *Ramanujan Journal* (Special issue for Richard Askey's 70th birthday) 13:1–3 (2007), 63–101.

[Borwein P. et al. 07] Peter Borwein, Stephen Choi, Brendan Rooney und Andrea Weirathmueller. *The Riemann Hypothesis: A Resource for the Afficionado and Virtuoso Alike.* CMS–Springer Books, New York 2007.

[Calude 07] Cristian S. Calude. *Randomness and Complexity: From Leibniz to Chaitin.* World Scientific Press, Singapur 2007.

[Calude und Jürgensen 05] Cristian S. Calude und Helmut Jürgensen. „Is Complexity a Source of Incompleteness?" *Advances in Applied Mathematics* 35 (2005), 1–15.

[Chaitin und Davies 07] Gregory Chaitin und Paul Davies. *Thinking About Gödel and Turing: Essays on Complexity, 1970–2007.* World Scientific, Singapur 2007.

[Crandall und Pomerance 05] Richard Crandall und Carl Pomerance. *Prime Numbers: A Computational Perspective,* zweite Auflage. Springer, New York 2005.

[Davis 06] Philip J. Davis. *Mathematics and Common Sense: A Case of Creative Tension.* A K Peters, Wellesley 2006.

[Devlin 90] Keith Devlin. *Sternstunden der modernen Mathematik. Berühmte Probleme und neue Lösungen.* Birkäuser, Basel 1990, und Deutscher Taschenbuch Verlag, München 1992.

[Devlin 97] Keith Devlin. *Muster der Mathematik.* Spektrum Akademischer Verlag, Heidelberg 1997 (als Taschenbuch 2002).

[Finch 03] Stephen R. Finch. *Mathematical Constants.* Cambridge University Press, Cambridge 2003.

[Franco und Pomerance 95] Z. Franco und Carl Pomerance. „On a Conjecture of Crandall Concerning the $3n + 1$ Problem." *Mathematics of Computation* 64 (1995), 1333–1336.

[Gauß 96–14] Carl Friedrich Gauß. *Mathematisches Tagebuch 1796–1814* mit Anmerkungen von Hans Wußing und Olaf Neumann, fünfte Auflage. Verlag Harri Deutsch, Frankfurt am Main 2005.

[Giaquinto 07] Marcus Giaquinto. *Visual Thinking in Mathematics*. Oxford University Press, Oxford 2007.

[Gold und Simons 08] Bonnie Gold und Roger Simons (Hrsg.). *Proof and Other Dilemmas: Mathematics and Philosophy*. Mathematical Association of America, Washington 2008.

[Graham et al. 94] Ronald L. Graham, Donald E. Knuth und Oren Patashnik. *Concrete Mathematics*. Addison-Wesley, Boston 1994.

[Green und Tao 08] Ben Green und Terence Tao. „The Primes Contain Arbitrarily Long Arithmetic Progressions." *Annals of Mathematics 2* 167:2 (2008), 481–547.

[Guy 04] Richard K. Guy. *Unsolved Problems in Number Theory*, dritte Auflage. Springer, Berlin 1994.

[Hales 05] Thomas Hales. „A Proof of the Kepler Conjecture." *Annals of Mathematics* 162 (2005), 1065–1185.

[Hardy 37] G. H. Hardy. „The Indian Mathematician Ramanujan." *American Mathematical Monthly* 44 (1937), 137–155.

[Havil 07] Julian Havil. *GAMMA: Eulers Konstante, Primzahlstrände und die Riemannsche Vermutung*. Springer, Berlin 2007.

[Hersh 99] Reuben Hersh. *What is Mathematics Really?* Oxford University Press, Oxford 1999.

[Kanigel 95] Robert Kanigel. *Der das Unendliche kannte: Das Leben des genialen Mathematikers Srinivasa Ramanujan*, zweite Auflage. Vieweg Verlagsgesellschaft, Braunschweig 1995.

[Koecher 80] Max Koecher. „Letter". *Mathematical Intelligencer* 2:2 (1980), 62–64.

[Krantz 09] Steven G. Krantz. *The Proof Is in the Pudding: The Changing Nature of Mathematical Proof*. Springer, Berlin 2010.

[Lakatos et al. 76] Imre Lakatos, John Worrall und Elie Zahar (Hrsg.). *Beweise und Widerlegungen. Die Logik mathematischer Entdeckungen*. Vieweg Verlagsgesellschaft, Braunschweig 1979.

[Leavitt 07] David Leavitt. *The Indian Clerk*. Bloomsbury, New York 2007.

[Li und Yorke 75] Tien-Yien Li und James A. Yorke. „Period Three Implies Chaos." *American Mathematical Monthly* 82:10 (1975), 985–992.

[MacHale 93] Desmond MacHale. *Comic Sections: Book of Mathematical Jokes, Humour, Wit and Wisdom*. Boole Press, Dublin 1993.

[Perko 74] Kenneth A. Perko. „On the Classifications of Knots." *Proceedings of the American Mathematical Society* 45 (1974), 262–266.

[Petkovsek et al. 96] Marko Petkovsek, Herbert Wilf und Doron Zeilberger. $A = B$. A K Peters, Natick 1996.

[Riemann 59] Bernhard Riemann. „Über die Anzahl der Primzahlen unter einer gegebenen Größe." *Monatsberichte der Berliner Akademie*, November 1859.

[Rolfsen 76] Dale Rolfsen. *Knots and Links*. Publish or Perish, Inc., Houston 1976.

[Saidak und Zvengrowski 03] Filip Saidak and Peter Zvengrowski. „On the Modulus of the Riemann Zeta Function in the Critical Strip." *Mathematica Slovaca* 53:2 (2003), 145–172.

[Schechter 99] Bruce Schechter. *Mein Geist ist offen. Die mathematischen Reisen des Paul Erdős*. Birkhäuser Verlag, Basel 1999.

[Schmidt und Stäckel 99] Franz Schmidt und Paul Stäckel (Hrsg.). *Briefwechsel zwischen Carl Friedrich Gauss und Wolfgang Bolyai (1899)*. Kessinger Publishing, 2010 (Neuausgabe).

[Sinclair et al. 06] Nathalie Sinclair, David Pimm und William Higginson (Hrsg.). *Mathematics and the Aesthetic: New Approaches to an Ancient Affinity*, CMS Books in Mathematics. Springer, Berlin 2006.

[Stanley 99] Richard P. Stanley. *Enumerative Combinatorics*, Bände 1 und 2. Cambridge University Press, New York 1999.

[Steele 04] J. Michael Steele. *The Cauchy-Schwarz Master Class*. Mathematical Association of America, Washington 2004.

[Stromberg 81] Karl R. Stromberg. *An Introduction to Classical Real Analysis*. Wadsworth, Belmont 1981.

[Tao 06] Terence Tao. *Solving Mathematical Problems: A Personal Perspective*. Oxford University Press, Oxford 2006.

[Temme 96] Nico M. Temme. *Special Functions: An Introduction to the Classical Functions of Mathematical Physics*. John Wiley, New York 1996.

[Villegas 07] Fernando R. Villegas. *Experimental Number Theory*. Oxford University Press, Oxford 2007.

Index

Ein visueller Streifzug
durch die gesamte Mathematik

2. Aufl. 2010
340 S., 1000 farb. Abb., geb. m. SU
€ [D] 34,95 / € [A] 35,93 / CHF 47,00
ISBN 978-3-8274-2565-2

Georg Glaeser / Konrad Polthier
Bilder der Mathematik
Wie sieht eine Kurve aus, die die ganze Ebene oder den Raum vollständig ausfüllt? Kann man einen Polyeder flexibel bewegen, ja sogar umstülpen? Was ist die projektive Ebene oder der vierdimensionale Raum? Gibt es Seifenblasen, die nicht die runde Kugel sind? Wie kann man Wirbel und die komplizierte Struktur von Strömungen besser verstehen?

In diesem Buch erleben Sie die Mathematik von ihrer anschaulichen Seite und finden faszinierende und bisher nie gesehene Bilder, die Ihnen illustrative Antworten zu all diesen Fragestellungen geben. Zu allen Bildern gibt es kurze Erklärungstexte, viele Literaturhinweise und jede Menge Web-Links mit weitergehenden Informationen.

Das Buch ist für alle Freunde der Mathematik, die nicht nur trockenen Text und endlose Formeln sehen wollen. Vom Schüler zum Lehrer, vom Studenten zum Professor. Die Bilder sollen sie alle inspirieren und anregen, sich mit diesem oder jenem vermeintlich nur Insidern vorbehaltenem Thema zu beschäftigen. Lernen Sie die Mathematik von einer ganz neuen und bunten Seite kennen.

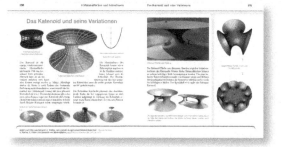

▶ **Ein visueller Streifzug durch die gesamte Mathematik**
▶ **Mehr als 1000 farbige Abbildungen**
▶ **Bemerkenswertes und Überraschendes von der Arithmetik bis zur Topologie**

Genießen Sie die Schönheit und Faszination der Mathematik auf reich bebilderten Seiten zu den Themen:

- Polyedrische Modelle
- Geometrie in der Ebene
- Alte und neue Probleme
- Formeln und Zahlen
- Funktionen und Grenzwerte
- Kurven und Knoten
- Geometrie und Topologie von Flächen
- Minimalflächen und Seifenblasen
- Parkette und Packungen
- Raumformen und Dimensionen
- Graphen und Inzidenzen
- Bewegliche Formen
- Fraktale Mengen
- Landkarten und Abbildungen
- Formen und Verfahren in Natur und Technik

Spektrum
AKADEMISCHER VERLAG

▶ Ausführliche Informationen unter www.spektrum-verlag.de

Mathematik
unterhaltsam und informativ

Tony Crilly

50 Schlüsselideen Mathematik

Wer hat die Null erfunden? Warum hat die Minute 60 Sekunden? Wie groß ist unendlich? Wo treffen sich parallele Linien? Und kann der Flügelschlag eines Schmetterlings wirklich einen Sturm auf der anderen Seite der Erde auslösen?

Dieser verständlich geschriebene Führer zur Gedankenwelt der Mathematik erklärt in kompakten und klaren Essays 50 zentrale Konzepte der Disziplin – mit anschaulichen Grafiken, zahlreichen Beispielen und amüsanten Anekdoten.

Begeben Sie sich mit Tony Crilly auf eine spannende Entdeckungsreise in die Welt der Zahlen und Muster, Formen und Symbole – von den Sumerern bis Sudoku, von Euklid bis Einstein, von den Fibonacci-Zahlen bis zur Mandelbrot-Menge!

1. Aufl. 2009,
208 S., 150 Abb., geb. + SU
€ [D] 24,95 / € [A] 25,65 / CHF 33,50
ISBN 978-3-8274-2118-0

1. Aufl. 2008, 244 S., 43 Abb., kart.
€ [D] 17,95 / € [A] 18,46 / CHF 24,50
ISBN 978-3-8274-2034-3

Peter Winkler

Mathematische Rätsel für Liebhaber

1. Aufl. 2010, 220 S., 43 Abb., kart.
€ [D] 16,95 / € [A] 17,42 / CHF 23,00
ISBN 978-3-8274-2349-8

Peter Winkler

Mehr mathematische Rätsel für Liebhaber

▸ **Ein Genuss für Liebhaber anspruchsvoller mathematischer Rätsel**

▸ **Dürfen in keiner mathematischen Rätselsammlung fehlen**

Peter Winkler, der bekannte Mathematiker und Rätselexperte, veröffentlicht in diesen Büchern eine wunderbare Sammlung von eleganten mathematischen Rätseln, um seine Leser herauszufordern und zu unterhalten.

Die Bücher richtet sich an Liebhaber der Mathematik, Liebhaber von Rätseln und von anspruchsvollen intellektuellen Knobeleien. In erster Linie möchten sie all jene ansprechen, für die die Welt der Mathematik wohlgeordnet, logisch und anschaulich ist, und die gleichzeitig offen dafür sind, sich eines Besseren belehren zu lassen. Sie sollten Liebe für mathematisches Denken und Hartnäckigkeit mitbringen.

Irrtümer und Preisänderungen vorbehalten. Stand Juli 2010. 20100812

Printed in the United States
By Bookmasters